# 濡れ、

### その基礎と
### ものづくりへの応用

## 中江秀雄

産業図書

# 序　文

　濡れは防水加工や接合・接着の基礎として1800年ころから研究が始められた．それが近年，溶融金属を用いた加工分野で多用されるようになり，先ずは半田の分野で導入されてきた．溶融金属を用いた加工法の1つに鋳造がある．鋳造は5000年もの歴史ある金属加工法であり，筆者は鋳造と濡れを専門にしている．鋳造では，溶解から凝固，湯流れなどの分野で，濡れでは基礎理論と実学への応用を中心に研究に従事してきた．

　鋳造学の基礎は何かというのは難しい問題である．この分野では5000年にわたって人類が積み上げてきた経験が優先し，過去にはこうであった，と年長者に言われると反論が難しい．そして，鋳造に関してはこれまでにも多くの著書が出版されてきたが，濡れとの関連で記述されたものは殆どない．

　鋳造とは鋳型という容器の中で溶融金属を凝固させ形を付与する加工法である．そして，溶融金属はルツボという容器の中で固体金属を溶解し，鋳型の中の溶融金属の通り道（湯道という）を介して鋳型空間に溶融金属を流し込んでいる．鋳型あるいはルツボという固体と溶融金属の間の物性は『濡れ』で評価されてきたが，濡れに基づいた鋳造の解説は殆ど行われてこなかった．半田付けを除くと，濡れという概念でこれらの技術が語られることはなかった．

　本書では，先ずは自然現象と濡れの関連を解説し，応用例は鋳造を中心に，金属基複合材料や凝固などの分野で，濡れから加工法を考えることを提案し，事実例で示した．濡れが広くこれらの分野で理解され，ものづくりに役立つことを願ってやまない．

　2011年6月

中江秀雄

# 目　次

序　文

## 第1章　はじめに …… 1
参考文献 …… 4

## 第2章　表面・界面エネルギーとは …… 5
2.1　表面と界面 …… 5
2.2　固体・液体の表面エネルギー，界面エネルギー …… 6
2.3　界面張力と界面エネルギー …… 7
2.4　界面エネルギーとは …… 8
2.5　表面張力の測定法 …… 9
参考文献 …… 10

## 第3章　濡れは何で決まるのか …… 11
参考文献 …… 13

## 第4章　自然現象と濡れ …… 15
参考文献 …… 20

## 第5章　濡れの諸形態と濡れ仕事 …… 21
参考文献 …… 24

## 第6章　濡れに影響する要因 …… 25
6.1　濡れを決めているもの：界面張力か界面エネルギーか …… 25

| 6.2 | 前進接触角と後退接触角，平衡接触角 | 26 |
| 6.3 | 平衡組成法 | 32 |
| 6.4 | 面粗さと濡れ | 35 |
| 6.5 | 不均質固体への濡れ（濡れの複合則） | 41 |
| 6.6 | 濡れ性の制御 | 42 |
| 6.7 | メニスコグラフ法と静滴法の比較 | 43 |
| 6.8 | 平衡接触角の熱力学 | 47 |
| 6.9 | 各種の静滴法 | 48 |

参考文献 49

## 第7章　物質移動・化学反応を伴う濡れ  53

| 7.1 | $Cu/Sn$ 系での物質移動・化学反応を伴う濡れ | 55 |
| 7.2 | 物質移動を伴う濡れ：$Si/Al$ | 57 |
| 7.3 | 化学反応を伴う濡れ | 59 |
| 7.3.1 | $h-BN/Al$：酸素の影響－1 | 59 |
| 7.3.2 | $AlN/Al$：酸素の影響－2 | 64 |
| 7.3.3 | $Ni/Al$, $B_2O_3/H_2O$: 物質移動と化学反応を伴う濡れ | 66 |
| a) | $Ni/Al$ | 66 |
| b) | $Ni_2Al_3/Al-Ni$ | 70 |
| c) | $B_2O_3/H_2O$ | 73 |
| 7.4 | $MgO/Al$ 系による濡れの進行過程の検討 | 74 |
| 7.4.1 | 接触角の経時変化 | 74 |
| 7.4.2 | 反応生成物と反応速度 | 77 |
| 7.4.3 | 前進，後退，平衡接触角 | 81 |
| 7.5 | アルミニウム液滴の酸化皮膜について | 85 |
| 7.6 | まとめ | 86 |

参考文献 87

## 第8章　接合・接着と鋳造  89

| 8.1 | 接合・接着 | 89 |
| 8.1.1 | 半田付けとロウ付けでの濡れ | 90 |

|       |         |                                          |     |
|-------|---------|------------------------------------------|-----|
|       | 8.1.2   | 溶接と濡れ                                | 91  |
| 8.2   | 鋳造    |                                          | 92  |
|       | 8.2.1   | 鋳造技術と濡れ                            | 92  |
|       | 8.2.2   | 湯流れ速度と濡れ                          | 96  |
|       | 8.2.3   | 焼付きと濡れ                              | 98  |
|       |         | a) 物理的焼付き                            | 98  |
|       |         | b) 化学的焼付き                            | 99  |
| 8.3   | 鋳包み  |                                          | 102 |
| 8.4   | 金属精錬，非金属介在物の除去                        | 104 |
| 8.5   | 耐火物と溶融金属との濡れと化学反応                   | 105 |
| 参考文献 |       |                                          | 106 |

## 第9章　金属基複合材料と金属間化合物の製造　107

| 9.1 | 粒子添加法 | | 107 |
|---|---|---|---|
|   | 9.1.1 | 粒子添加（気体から液体への粒子の移行） | 107 |
|   | 9.1.2 | 粒子の固体への捕獲（液体から固体への粒子の移行：均一分散） | 113 |
| 9.2 | 溶浸法 | | 116 |
|   | 9.2.1 | 加圧溶浸 | 116 |
|   | 9.2.2 | 自発的溶浸に関する従来研究 | 117 |
|   | 9.2.3 | 新しい自発的溶浸法 | 119 |
|   | 9.2.4 | 溶浸法による金属間化合物の製造 | 123 |
| 9.3 | 発泡アルミニウム（金属と空気の複合材料） | | 125 |
| 参考文献 | | | 127 |

## 第10章　凝固組織と界面エネルギー　131

| 10.1 | 凝固一般 | | 131 |
|---|---|---|---|
|   | 10.1.1 | 核生成問題 | 131 |
|   |   | a) 均質核生成 | 132 |
|   |   | b) 不均質核生成 | 133 |
|   |   | c) 一方向核生成 | 133 |

10.2 デンドライト ……………………………………………… 135
10.3 共晶凝固 …………………………………………………… 136
10.4 偏晶凝固 …………………………………………………… 138
10.5 球状黒鉛鋳鉄 ……………………………………………… 140
10.6 Al-Si 合金の改良処理 …………………………………… 141
参考文献 ………………………………………………………… 143

# 第 11 章 おわりに ……………………………………… 145

索　引 …………………………………………………………… 147

# 第1章

# はじめに

　濡れと言うと聞きなれない用語で，何か非常に難しい学問と取られそうである．しかし，蓮の葉上の水滴は濡れない代表例として余りにも良く知られているが（図1.1），この濡れない現象の本質は表面粗さの問題であり，その機構は複雑で，詳細は6.4節で記述する．しかし，濡れの学問的な発展は当初，接合・接着と防水加工であった[1]．昔はこの様な現象の解明に濡れが用いられてきたことがわかる．これらの場合には，通常は液体と固体の間には化学反応も物質移動も考慮してこなかった．例えば，布地の防水加工や有機溶媒による接合のように．

図1.1　蓮の葉上の水滴

　濡れに関する学問が近年では金属分野にも応用され，半田付けや複合材料の製造分野で多用されるようになってきた．すると，液体と固体間での物質移動や界面反応を考慮しなければならない状況に至った．そこで，この点に関して

は7章で詳細に記述した.

金属学を学んだ者に取っては,濡れと言えば先ずは半田付けが思い出されよう.半田が被接合物に濡れないことには,半田付けは完成しない.ことほど左様に濡れは半田との関連が深い.それ故に,この分野に『濡れ』が真っ先に導入されたのであろう.これらの点に関して,すなわち,濡れのものづくりへの応用に関しては8章以下に記述した.

液体金属を用いる製造現場で意味不明の不良が発生すると,真の原因を究明することもなく,その原因が濡れのせいにされてしまうことが多々ある.意味不明の現象を,濡れで言い逃れていると痛感している.濡れを専門とする者に取っては耐え難い苦痛である.そこで,濡れの理解を深めるために著者の解説[2-8]を中心に,濡れに関する基礎から応用までの幅広い解説を試みることとした.出来るだけ平易に記述し,詳細な化学熱力学の部分はできる限り省略することとした.

**濡れ**とは固体表面上を液体が気体を押しのけて拡がる現象であり,**濡れ性**とはその拡がり易さを示す指標で,通常は接触角 $\theta$ で表されている(図1.2).ここで $\gamma_{SV}$,$\gamma_{SL}$,$\gamma_{LV}$ はそれぞれ,固体と気体間の表面張力(固体の表面エネルギー或いは固/気の界面エネルギーともいう),固体と液体間の界面張力(固/液界面エネルギー),液体の界面張力(液体の表面エネルギー或いは液/気界面エネルギー)である.これら3相は図では一点で交わっているが,実際にはこれは線であり,円周になる.この線を**3相線**という.

したがって,固体(あるいは,固相:S),液体(液相:L),気体(気相:V)の3相が共存する場所での物性が濡れである.濡れ性の表示には古くからヤングの式が用いられており,接触角と各種界面張力の釣合いで示されている.

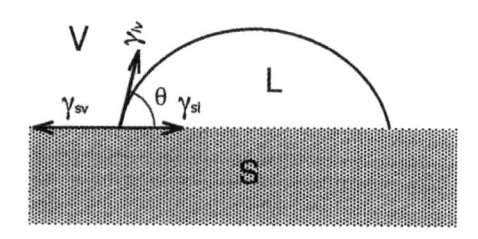

図1.2　固体の上の液滴の接触角 $\theta$ と界面張力の関連

一般的に**表面**とは固体・液体と気体との界面を表すのに用いられる用語で，そのほかは**界面**と記述する．界面張力と界面エネルギーの関係に関しては2.3節で詳細に記述する．

濡れ性$\theta$は，図1.2に示したように固体／液体／気体の3相が共存する点の線張力の釣合いで決まるので，特に断らない限り単位面積当りのエネルギーではなく，単位長さ当たりのエネルギー，線張力を用いて記述する．以降，エネルギーで表現する場合には$\sigma$を，張力で表現する場合は$\gamma$を用いる．濡れを表す式は(1.1)式で示されており，この式をヤングの式という[9]．

$$\gamma_{SV} = \gamma_{SL} + \gamma_{LV} \cos\theta \quad \cdots\cdots\cdots(1.1)$$

鋳造は液体金属を用いる加工法である．そこで，濡れの鋳造技術への適用例として砂型鋳造を考えてみよう．通常の砂型に水を注ぐと，水は砂の隙間を通り抜けてしまう．それでは何故，液体金属は砂の隙間を通り抜けないのであろうか．これらの系は砂という固体と，水（または溶湯）という液体と，そして気体（正確には空気ではなく，液体・固体の蒸気でなければならないが）の3相から構成されている．したがって，砂型で鋳物ができるのは両者（溶湯と鋳型）の濡れが悪い点（$\theta > 90°$）にある（詳細は8.2節で詳述する）．例えば，通常の布地に水を垂らせば，水は布地に濡れ，直ちに布地に吸収され，水量が多ければ布地を通り抜けてしまう．しかしこの布地に防水加工を施すとどうであろうか．傘の例を引くまでもなく，水は布に弾かれ，布が水に濡れることはない．この様に考えてみると，通常，砂型は溶湯に対して防水加工されている，と見なすことができよう．

先ずは，濡れに関する基本的な著書の紹介から始める．この分野では最も古く，かつ著名なものに1805年のYoungの論文[9]がある．そして，1964年のFrederic M. Fowkesの著書[1]，Mittalの本[10]，Eustathopoulosの本[11]，そして我が国では中島の著書[12]などがある．中島の本は化学分野での濡れを中心に論じており，金属分野の者にとっては少し扱いが異なる．そして，極く最近，この分野の我が国での草分け的な研究者である大阪大学名誉教授の荻野先生の著書[13,14]が出版された．豊富なデータと過去の論文の詳細な調査の上に執筆されており，専門家にとっては座右の書とし是非とも手元に置きたい書物であるが，初心者には難しい本である．また，タイトルは表面張力であるが，小野の著書[15]も濡れに関しては忘れることのできない本である．

これらの著書では濡れそのものに重点が置かれ，荻野先生の著書を除くと，工学への応用例は少ないと感じている．そこで，工学を専門とする著者にとっては，濡れの正しい理解と，溶融金属を用いたものづくりへの応用を中心に記述することとした．

## 参 考 文 献

1) Contact Angle, Wettability, and Adhesion：F.M.Fowkes Ed. American Chemical Soc.（1964）
2) 中江秀雄：BOUNDARY 4（1988, 1）2-4
3) 中江秀雄：軽金属 39（1989）136-146
4) 中江秀雄：鋳物 65（1993）646-654
5) 中江秀雄：溶接技術（1994, 4）66-70
6) 中江秀雄：軽金属 46（1996）513-520
7) 中江秀雄：金属 72（2002）57-66
8) 中江秀雄：金属 72（2002）147-153
9) T.Young：Phil. Trans. Roy. Soc. London 95（1805）65-87
10) Contact Angle, Wettability and Adhesion：K.L.Mittal Ed., VSP（1993）
11) Wettability at High Temperatures：N.Eustathopoulos, M.G.Nicholas, B.Drevet Pergamon（1999）
12) 固体表面の濡れ制御：中島　章，内田老鶴圃（2007, 10）
13) 高温界面化学（上）：荻野和己，アグネ技術センター（2008, 8）
14) 高温界面化学（下）：荻野和己，アグネ技術センター（2008, 8）
15) 表面張力：小野　周、共立出版（1980）

# 第2章
# 表面・界面エネルギーとは

## 2.1 表面と界面

　物質の表面にある原子は内部にある原子（または分子）に比べて過剰のエネルギーをもっている，と記すと何か不思議に感じる人もいよう．**表面**とは固体，液体が気体と接する界面（境界面）を示し，固体と液体，固体と固体，液体と液体の境界面を単に**界面**（または**異相界面**）と記述する．厳密には，構造や組成の異なる2つの相の境界を異相界面といい，結晶粒界のような同相境界も**界面**と称する．しかし，相手が気体の場合に限って表面と言う表現を用いるので，表面も界面の一部である[1]．

　先ずは表面エネルギーから話を始めよう．表面にある原子（或いは分子）は，内部にある原子とは異なり，約半分しか同種の原子（或いは分子）と結合していない[1]（図2.1）．これからは話をわかり易くするため原子（ここでは原子を剛体球モデルで示す．分子も取り扱いは全く同じでよい）の場合に限って話を進める．表面にある原子は，内部の原子に比べて結合が少ない分だけ，すなわち未結合の結合手（ダングリングボンド）[2]を有している分だけ，内部原子よりも高いエネルギー状態にある．これを表面エネルギーといい，Gibbsによって初めて熱力学的な取扱いがなされた[3]．界面エネルギーもこれと同様の扱いができる．

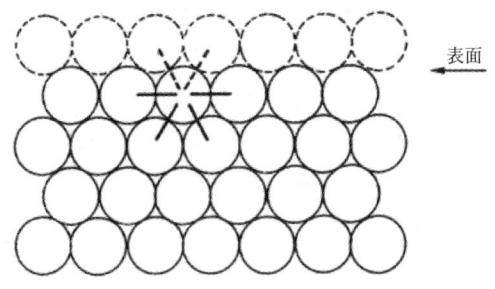

図2.1 表面にある原子の結合状態

## 2.2 固体・液体の表面エネルギー，界面エネルギー

それでは図2.2のように1つの固体を状態—1から状態—2に，2つに分割してみよう．すると，分割によって2つの新しい表面が生成され，その分だけエネルギーは増加することになる．これが表面エネルギー$\sigma_{SV}$である．したがって，状態—1から状態—2の間のエネルギー変化$\Delta G_{1\text{-}2}$は$2\sigma_{SV}$になる．

$\Delta G_{1\text{-}2} = 2\sigma_{AV}$

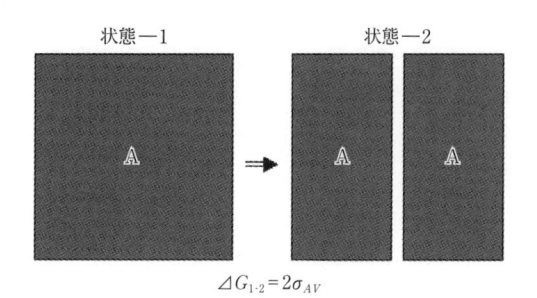

図2.2 2つに分割した固体のエネルギー変化

しかし，通常の熱力学は自由エネルギーの値を体積自由エネルギー J/mol だけで論じているので，表面エネルギー分は含まれていない．一般的には，系全体の原子数に比べて表面に現れている原子の割合が極めて少ないため，表面（自由）エネルギー（$mJ/m^2$ または $J/m^2$）による増加分を考慮する必要がないためである．薄膜や超微粒子のような場合には，全原子数に対して表面に現れている原子の割合が多くなり，表面エネルギー$\sigma_{SV}$の影響が無視できなくな

る．例えば厚さ $1\mu m$ の金属薄膜を考えると，金属原子の直径は約 0.25nm であり，$1\mu m$ の金属薄膜は は約 4000 個の原子から構成されている．すると，4000 個のうち，僅かに 2 個の原子が表面に現れているに過ぎない．そこで，これらの値は誤差範囲として無視されてきた．しかし，膜厚が $0.1\mu m$ になると 2/400 となり，最早，表面エネルギーを無視できなくなることがわかる．

固体表面エネルギー$\sigma_{SV}$の化学的な意味は，固体 S がその気相 V に囲まれているときの，系の全自由エネルギー $G$ の表面積 $A$ 依存性である．ここで温度 $T$，体積 $v$，成分 $i$ のモル数 $ni$ を一定とすると，固体の表面エネルギー$\sigma_{SV}$ は次式のように表せる．

$$\sigma_{SV} = (dG/dA)_{T, v, ni} \quad \cdots\cdots\cdots\cdots\cdots\cdots\cdots\cdots\cdots\cdots (2.1)$$

界面エネルギーが関与する現象として金属屋によく知られているものに凝固時の均質・不均質核生成問題がある．この場合には全自由エネルギー $G$ は体積自由エネルギー $G_V$ と界面自由エネルギー $G_i$ の和で示され，論じられてきた．これは凝固初期のエンブリオ（凝固核となる以前の微小固体を）が極めて小さく，その単位体積あたりの表面積（比表面積）は大きくなり，$G_V$ に比べても $G_i$ を無視できないためである．

固体上の微小な液滴を考えてみよう．この液滴は固体に濡れないと球形をとることが知られている．これは液体表面がエネルギーを持っている証拠である．すなわち，表面積を最小にする形である球形になることで表面エネルギーを最小にしている．この表面エネルギーを通常は液体の**表面張力**と呼んでいる．しかし，地上では液滴に重力が作用し，液滴が大きくなるほどにその形は重力の影響を強く受け，形状は球から扁平状に変化する（図 1.1）．

## 2.3 界面張力と界面エネルギー

固体の表面張力$\gamma_{SV}$（ここで $_{SV}$ は固体 S と気体 V の界面を表す）と表面エネルギー$\sigma_{SV}$ の関係は，固体表面のマクロ歪 $\varepsilon$ を用いて (2.2) 式のように表されている [4]．

$$\gamma_{SV} = \sigma_{SV} + d\sigma_{SV}/d\varepsilon \quad \cdots\cdots\cdots\cdots\cdots\cdots\cdots\cdots\cdots\cdots (2.2)$$

ここで，$\gamma_{SV}$ は N/m または mN/m で表され，これは線張力であり，単位長さ当たりのエネルギーで，結晶の面方位に依存する．これに対して$\sigma_{SV}$ は $J/m^2$

または mJ/m$^2$ で表され,単位面積当たりのエネルギーであり,結晶面に依存する単位面積当りのエネルギーである.しかし,(2.2) 式からもわかるように,$d\sigma_{SV}/d\varepsilon = 0$ ならば,すなわち,表面エネルギーが歪に無関で,これに依存しなければ両者は等しくなる.この $d\sigma_{SV}/d\varepsilon$ は歪の導入による表面エネルギーの変化であり,固体の場合にはこの値が問題になる.すなわち,固体表面にある原子は内部に引き込まれる力が作用しているが,固体の剛性が大であり,殆どその位置を変えることはない.これが残留表面応力として残存し,表面エネルギーの正確な値の測定を難しくしている.これに対して液体の場合には,表面の原子は自由に動けるので,表面に歪は残らず,$\gamma_{LV} = \sigma_{LV}$ になる.

本書では,これらの関係から界面張力と界面エネルギーを用語で厳密に区別するのは難しいが,以下はできる限り,界面張力と界面エネルギーを区別して扱い,記号では $\gamma$ と $\sigma$ に分けて記述する.濡れ(接触角)の場合には先に (1.1) 式で示したように,$\gamma$(界面張力)で記述した.詳細は 6.1 節で記述する.

## 2.4 界面エネルギーとは

固体 A,B を図 2.3 のようにそれぞれ 2 つに切断し,これらを組み合わせて A/B 界面を作った場合を想定する.この場合には面エネルギーであり,$\sigma_{AB}$ で表記する.すると,初期状態―1 が切断により状態―2 となり,そのエネルギーは $(2\sigma_{AV} + 2\sigma_{BV})$ だけ増加し,AB 接合の状態―3 ではそのエネルギーは

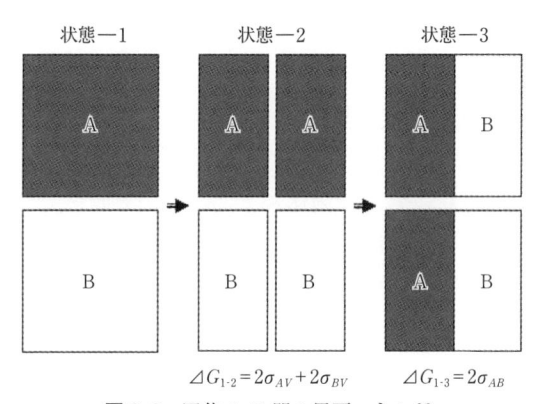

図 2.3 固体 A/B 間の界面エネルギー

$2\sigma_{AB}$ になる.すなわち,$\Delta G_{1\text{-}2} = 2\sigma_{AV} + 2\sigma_{BV}$ であり,$\Delta G_{1\text{-}3} = 2\sigma_{AB}$ になる.

この場合の付着仕事(AとBを接合している仕事)を $W_a$ とすると,これらの関係は次のように表せる[4].

$$W_a = \sigma_{AV} + \sigma_{BV} - \sigma_{AB} \quad \cdots\cdots\cdots\cdots\cdots\cdots\cdots\cdots\cdots(2.3)$$

したがって,付着仕事 $W_a$ は $\sigma_{AV} + \sigma_{BV}$ と $\sigma_{AB}$ の大小関係で決まることになる.すなわち,$W_a$ の値が±をとることで,付着するかしないかが決まる.このA,Bを固体Sと液体Lに当てはめると固/液の界面エネルギーは $\sigma_{SL}$ になる.ここでは固体面同士の接合であり,エネルギーを $\sigma$ で表記した.しかし,後述の濡れによる液滴の固体への付着では(1.1)式と同様に線張力の釣り合いであり,$\gamma$ で記述した.

## 2.5　表面張力の測定法

液体の表面エネルギーを通常は液体の**表面張力**と呼んでいる.宇宙などの無重力空間では大きな水滴が完全に球形になることが知られている.しかし地上では液滴に重力が作用し,液滴が大きくなるほどに重力の影響を強く受け,液滴の形状は球から扁平状に変化する.先に図1.1で液滴の大きさで,その形が変化することを示した.その変化を図2.4にモデル的に示す.これが重力による液滴の形状変化(扁平化)である.

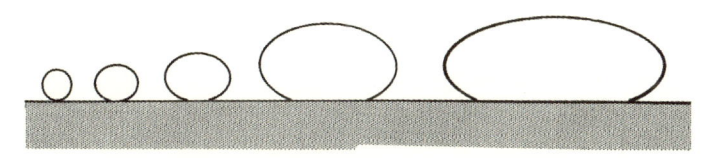

図2.4　液滴の形状に対する大きさの影響

この液滴の扁平化を利用して液体の表面張力の測定がなされている.その概要を図2.5に示す.この測定法では,液滴形状の扁平率から重力との対比で表面張力の測定を行うので,測定が行えるのは接触角が90℃以上の場合に限られる.これにはBashforthとAdams[5]の研究が著名で,表面張力の算出にはBashforthとAdamsが作成した表[5]を用いるのが一般的である.

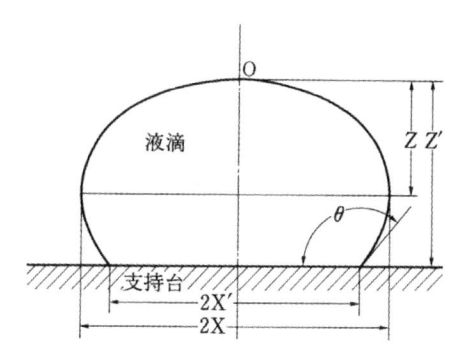

図2.5 Bashforth と Adams による表面張力の測定法

## 参 考 文 献

1) 界面物性,金属物性講座 10：日本金属学会　末高 治編,丸善（1976）
2) 表面物性工学ハンドブック：小間 篤,八木克道,塚田 捷,青野正和 共編,丸善（1987）
3) The Collected Papers of J.W.Gibbs, Vol.1：J.W.Gibbs, Dover Pub. Inc.（1961）219
4) Wettability at High Temperatures：N.Eustathopoulos, M.G.Nicholas, B.Drevet, Pergamon（1999）
5) An attempt to test The Theories of Capillary Action by comparing The Theoretical and Measured forms of Drops of Fluid：F. Bashforth and J. C. Adams, Cambridge Press（1883）

# 第3章

# 濡れは何で決まるのか

　濡れを表す手段に図2.5や図1.2のような固体上の液滴モデルが良く用いられる．これを用いた濡れの測定法を**静滴法**と言う．ここでは固体をS，液体をL，そして気体をVで表す．接触角 $\theta$ は固体上のS/L/Vの接点部（これを**3相点**或いは**3相線**という）での界面張力 $\gamma$ の釣合いで決まるので，ここでは界面張力で記述する．図1.2より接触角 $\theta$ は，固体の表面張力 $\gamma_{SV}$，液体の表面張力 $\gamma_{LV}$ と，固体と液体の界面張力 $\gamma_{SL}$ の釣り合いで（1.1）式のように表される．これをヤングの式という[1]．しかし，この原文[1]中では文章による記述だけで，(1.1)式は直接的には示されてはいない．

　**濡れ性**は，固体表面上の液体の拡がり易さを示す指標で，一般的には接触角 $\theta$ を用いて表現されている．これらの式の中で，$\theta$ は実験により容易に測定でき，また液体の表面張力 $\gamma_{LV}$ も比較的精度良く測定できる．しかし，前記のように固体の表面張力 $\gamma_{SV}$ の測定は難しく，固/液の界面張力 $\gamma_{SL}$ の測定は更に難しい．多くの金属材料では，これらの2つの値は精度の高い値は求まっていないと考える方が良い．それは，固体の表面にある原子には内側に引き込まれる力が作用するが，固体原子は液体のようには動くことができない．したがって表面に残留応力が残り，平衡形になり得ず[2]，その平衡値の測定が難しいことになる．すると，(1.1)式の中で精度良く求められる値は $\gamma_{LV}$ と $\theta$ であることがわかる．そこで(1.1)式を(3.1)式のように書き換えると，$\gamma_{LV}$ と $\theta$ がわかれば $(\gamma_{SV}-\gamma_{SL})$ の差が求められることもわかる．

$$\cos\theta = (\gamma_{SV}-\gamma_{SL})/\gamma_{LV} \quad\cdots\cdots\cdots(3.1)$$

　(3.1)式を良く見ると，$\gamma_{SV}$ と $\gamma_{SL}$ が等しければ，$\cos\theta$ は0になり，したがって，$\theta$ は90°である．もしも，$\gamma_{SV}$ が $\gamma_{SL}$ よりも大きければ $\theta$ は90°以下となり，

これを濡れ易い（濡れ性が良い）と表現する．この場合には，固体の表面を液体が覆った方が，気体が覆うよりも全エネルギー（体積自由エネルギー $G$ と界面張力 $\gamma$ の和）は小さくなることを示している．同様に，$\gamma_{SV}$ が $\gamma_{SL}$ より小さいと $\theta$ は 90°以上となる．この場合には固体の表面を気体が覆った方が全エネルギーは低くなり，これを濡れ性が悪いと表現する．これらの関係を図3.1 a）に示す．ここでは $\gamma_{LV}$ の方向に注意されたい．

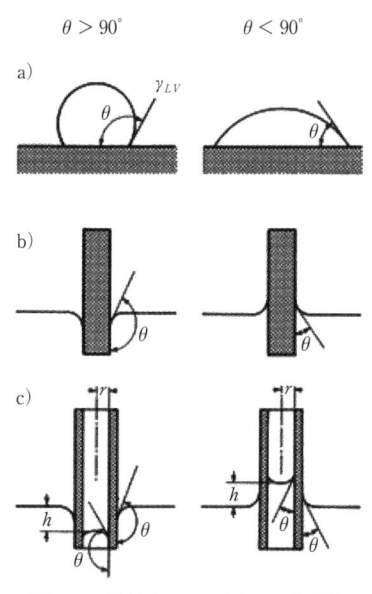

**図3.1** 接触角による濡れの諸形態

それでは表面張力 $\gamma_{LV}$ と濡れの関係にも簡単に触れておくことにする．このためには（1.1）式を（3.2）式のように変換するとその実態が良く理解できよう．

$$\gamma_{LV}\cos\theta = \gamma_{SV} - \gamma_{SL} \quad\cdots\cdots\cdots\cdots\cdots\cdots\cdots\cdots\cdots\cdots\cdots(3.2)$$

すなわち，$(\gamma_{SV}-\gamma_{SL})$ の差を $\gamma_{LV}\cos\theta$ が埋めていることがわかる．したがって，この値の正負により $\cos\theta$ の正負が決まり，$\theta$ が 90°よりも大きいか否かによって，濡れに対する表面張力 $\gamma_{LV}$ の影響が逆転することが理解されよう．図中での $\gamma_{LV}$ の向きに注意されたい．このことは，濡れが良い系（$\theta < 90°$）

では，液体の表面張力の低下は更に$\theta$を低下させ，濡れを改善する．これに対して，濡れが悪い系（$\theta > 90°$）では濡れを悪化させる関係にあることを示している．

しかし，従来から用いられてきた（1.1）式は$x$軸方向の釣り合いだけを考慮しており，$y$軸方向の釣り合いは無視されてきた．したがって，この式は真の界面張力の釣り合いとはなっていない．この点に関しては余りに専門的になり過ぎるので，別の文献[2-5]を参照いただきたい．

接触角と濡れの基本的現象を測定法との関連で取りまとめて図3.1に示した．ここでa）は液滴を固体の上に置く方法で，これにより接触角を求める測定法を**静滴法**という，b）は固体を液体に浸漬する方法で，**メニスコグラフ法**といい，c）を**毛細管法**という[5]．これらの図も接触角90°を境にして，濡れが良い場合と悪い場合に区別して描いてある．いずれの場合にも，濡れが悪い場合には固体表面を気体が覆い易く，濡れが良い場合には液体が覆い易い，と考えると良く理解できよう．

液体中に固体の試料を浸せきして濡れを測る毛細管法（図3.1c）とメニスコグラフ法（図3.1b）でも，（1.1）式の関係は成り立っている．この場合の液面の盛り上がり高さ$h$は，液体の密度を$\rho$，重力を$g$とすると，力の釣り合いから（3.3）式と（3.4）式で表される．

$$2\pi r \gamma_{LV} \cos\theta = \pi r^2 \rho g h \quad \cdots\cdots\cdots(3.3)$$

$$\sin\theta = 1 - \rho g h^2 / 2\gamma_{LV} \quad \cdots\cdots\cdots(3.4)$$

したがって，濡れが良いと（$\theta$が90°以下では），液面は上昇し，この顕著な例が**毛細管上昇**$h$であり，図3.1c）に見られる．勿論，濡れが悪いと液面は降下する（これを**毛細管下降**と呼ぶことにする）．$h$は（3.3）式より次のように求められる．

$$h = 2\gamma_{LV}\cos\theta / r\rho g \quad \cdots\cdots\cdots(3.5)$$

この式より，内径$r$が小さいほど液面が上昇することが理解できよう．

## 参 考 文 献

1) T.Young：Phil. Trans. Roy. Soc. London 95 (1805) 65-87
2) 界面物性，金属物性講座 10：日本金属学会　末高 治編，丸善 (1976)

3) Wettability at High Temperatures : N.Eustatopoulos, M.G.Nicholas, B.Drevet, Pergamon (1999)
4) 表面物性性工学ハンドブック：小間 篤，八木克道，塚田 捷，青野正和 共編，丸善 (1987)
5) Contact Angle, Wettability and Adhesion : K.L.Mittal Ed., VSP (1993)

# 第4章

# 自然現象と濡れ

　自然界には濡れを巧みに利用して生きている生物が数多くいる[1,2]．その代表例は"**水すまし（あめんぼうとも言う）**"であろう（図4.1）．水すましの足は水に殆ど濡れない．これを良く観察すると（図3.1 b参照），図4.2に斜線で示した部分の水の重量分だけ反力$F$が発生し，水すましの体重を支えている筈である．正確には，水すましの重量で水面が押し下げられている，と言うべきかも知れない．もう少し図4.1を良く観察すると，水すましの足は点ではなく，線で水面を押さえることで反力$F$を稼いでいることがわかる．

　界面活性剤（例えばシャンプーなど）を水すましの浮いている池に添加すれば，水すましの足は水に濡れ，水すましは溺れて（水没して）しまうであろう．自然環境が悪化すると地球上には生存できなくなる典型的な昆虫とも言えよう．一方，1円玉が水に浮くのも全く同様の現象であり，船が水に浮く，浮力

図4.1　水面上の水すまし

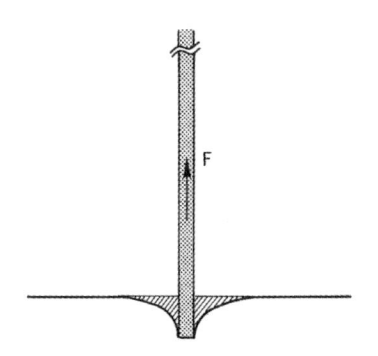

図 4.2 水すましの足と水面のモデル

（重力）による現象とは異にする．しかし，十円玉が水に浮くことはない．水の表面張力に対して，十円玉の周長では**3相線**の長が足りず，十円玉が水に浮かせるだけの力が得られないためである．

　すると，白鳥のような大きな水鳥が水に浮けるのは何によるものであろうか（図 4.3）．結論を先にすると，濡れとそれに伴って発生する浮力によるものである．水鳥の羽根を細い繊維の集合体で考えると，図 4.4 のようなモデルで表すことができる．羽根の1本1本が水に濡れないことで，羽根の隙間には水が浸入できず（これを**毛細管下降**という），羽の外周部は船の外板の役割を果たし，外板で取り囲まれた体積分だけ浮力が発生する．したがって水鳥が溺れる

図 4.3 池を泳ぎ回る白鳥

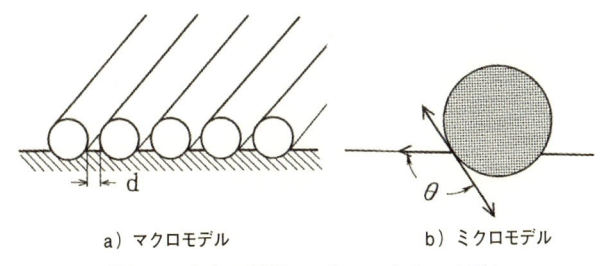

第4章　自然現象と濡れ

a) マクロモデル　　　　b) ミクロモデル
図 4.4　白鳥の羽根のマクロ・ミクロモデル

ことはない．これと同様の機構が砂型と溶融金属の関係で，溶融金属が砂型の隙間に侵入できないのは，表面部が凝固するからではなく，実は濡れのなせる業である（詳細は 8.2 節で後述する）．

この様に考えてくると，水鳥は水すましと船の両方の原理により水に浮かんでいることがわかる．ただしこれには，羽根の繊維間隔 $d$ が適当に小さくなければならない．これが大きすぎると，濡れに関係なく水は羽根の隙間に浸入してしまう．勿論，白鳥は溺れることになる．一方で，昔のテレビ・コマーシャルで，洗剤を池の水に添加すると白鳥が沈んでしまうシーンが放映されたことを覚えておられる方はいませんか．これは正に，水に界面活性剤を添加することで濡れが良くなり，羽の隙間に水が浸入して白鳥が沈んでしまったもので，白鳥は羽が水に濡れないことで水に浮いている証拠に外ならない．

しかしながら，小さな水鳥の中には水中に潜ることのできるものが少なくない．彼らは羽根や足を用いて無理やりに潜っているのであって，これらの運動を止めれば自然と浮上する．この点で，潜水艦や魚とは原理を完全に異にする．潜水艦は，魚と同様に浮袋の空気量を調整して浮上，潜水を制御している．水鳥が水に潜れるのは 1 輪車が立っていられる現象と同様で，動的な平衡であり，静的な真の平衡ではなく，水面に浮いている状態が平衡である．したがって，白鳥のような大型の水鳥は水に潜ることができない．彼らの力では潜るのに不足である，とするのが正しい．

次に植物についても触れてみよう．高さ数十メートルを越える大木（図 4.5）では，その天辺までどのようにして水が供給されているのであろうか．例え大木の中が真空であったとしても，大気圧との差は 1 気圧であり，水はたかだか 10 メートルしか上昇できない．この答えも**毛細管上昇**にある．毛細管も毛細

**図 4.5** 高さ数十メートルの大木

管／水／空気という，固体(S)／液体(L)／気体(V)の3相で構成されている．したがって，この現象も濡れで説明できることになる．

ちなみに水の場合を想定し，水の表面張力を$\gamma_{LV}$として，毛細管の半径$r$と上昇高さ$h$の関係を求めてみよう．この場合に界面張力は毛細管の内周（3相線）に作用するので，その周長は$2\pi r$であり，毛細管による力は$2\pi r\gamma_{LV}\cos\theta$になる．これに対して重力による力（正確には圧力）は$\pi r^2\rho gh$である．そこで上昇高さ$h$はこれらの釣り合いから次式で求められる．

$$h = 2\gamma_{LV}\cos\theta/r\rho g \quad\cdots\cdots(4.1)$$

これらの関係を図で表すと図4.6が得られる．$\theta=0°$とし，水の表面張力$\gamma_{LV}=73\text{mN/m}$を用いると，$r=150\mu\text{m}$で$h$は100mmであり，$r=1.5\mu\text{m}$では10mに，$r=0.15\mu\text{m}$では100mにもなる．しかし実際の樹木の毛細管（導管）は管壁が平滑ではなく，周長は$2\pi r$よりも長くなるであろう．このため，この計算よりも更に上昇し，高さ数十mの大木の天辺にも容易に水が供給できることになる．実際の現象は，これに浸透圧の作用が加算されており，上昇高さは更に高くなる．

第4章　自然現象と濡れ

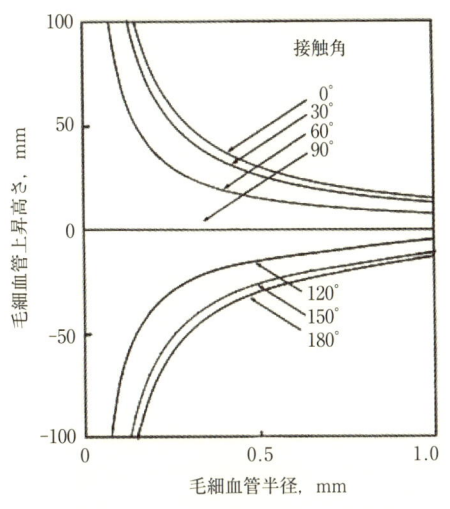

図4.6　水の毛細管上昇高さと管径の関係

　それでは，樹木の大きさ（高さ）の限界は何で決まるのであろう．多分，木の天辺では水分の蒸発が多く，これに見合うだけの水分を根から供給できなければ，その天辺は枯れてしまうことになる．水の供給速度が木の大きさを決めているのであろう．水の供給速度は水の粘性と導管の半径に比例する．すると毛細管形状の最適化，すなわち，下から上に向かって管径が次第に細くなるのが最適の形状と言えよう．これは速度論の問題になるのであろう．

　これとは反対に，水鳥の場合には $\theta$ は90°以上であり，水は羽根の隙間が小さいほど，水は羽の中に浸入できないことが理解されよう（図中では $h$ がマイナスで表示されている，すなわち，濡れにより水面が圧し下げられている）．鋳物の砂型の場合もこれと同様になる．鋳物の肌砂や塗型がこれに相当するが，その詳細は後述する．

　ここで，本文からは多少逸脱するが，この分野の古典であり・名著である『ろうそく物語』[3]と『しゃぼん玉の科学』[4]を紹介させていただくこととする．これらの現象には表面張力が深く関与している．前者は1860年代に，後者は1920年に出版され，世界中で広く読まれている本である．どちらも，濡れの本質をとらえており，若い読者に読むことを勧める目的でここに記載した．

　少し解説を加えると，ろうそくの火は溶融したロウが芯を濡れで上昇し，先

端で燃えている．しゃぼん玉の色は干渉縞の色であるが，その破壊は表面張力と液体の粘性が関与している．

そして，自然界に存在する植物の形の合理性は『植物のデザイン』[5]に見ることができる．これらの本を通じて，若い科学者が感性を磨いてくれることを期待している．

## 参 考 文 献

1) 中江秀雄：鋳物 65 (1993) 646-654
2) 新版 鋳造工学：中江秀雄 産業図書 (2008, 4) 135-166
3) ろうそく物語：マイケル・ファラデー著，白井敏明訳，コスモス・ブック (1974)
4) しゃぼん玉の科学：C. V. Boys 著，矢田義男訳，槇書店 (1959)
5) 植物のデザイン：田中基八郎著，共立出版 (1983)

# 第5章

# 濡れの諸形態と濡れ仕事

これまでに記述したように，一般的には濡れの良し悪しは接触角 $\theta$ が 90° を越えるか否かで示されている[1,2]．すなわち，固体表面を液体が覆った方がエネルギーが低くなる場合を**濡れが良い**といい，この逆の場合を**濡れが悪い**と表現する．濡れの形態を接触角により詳細に分類すると表 5.1 のようになる[3]．ここで，$\theta$ が 180° 以下の場合には液滴は固体表面に付着できるので，これを**付着濡れ**といい，この際の仕事を**付着濡れ仕事** $W_a$ という．勿論，$\theta = 180°$ は全く濡れない（付着できない）状態を示し，この場合にはハスの葉の上の朝露のように（あるいは，ガラス板上のパチンコ玉のように），液滴は固体表面上を自由に移動できる．

表 5.1 濡れの形態とそのモデル

|  | 拡張濡れ | 浸漬濡れ | 付着濡れ |
|---|---|---|---|
| 接触角 $\theta$ | $\theta = 0$ | $\theta < 90°$ | $\theta < 180°$ |
| 濡れのモデル |  |  |  |
| 生成した界面 | S/L, L/V | S/L | S/L |
| 消滅した界面 | S/V | S/V | S/V, L/V |
| 濡れ仕事 $W$ | $W_s = \gamma_{SV} - \gamma_{SL} - \gamma_{LV}$ $= \gamma_{LV}(\cos\theta - 1)$ | $W_i = \gamma_{SV} - \gamma_{SL}$ $= \gamma_{LV}\cos\theta$ | $W_a = \gamma_{SV} - \gamma_{SL} + \gamma_{LV}$ $= \gamma_{LV}(\cos\theta + 1)$ |

$\theta$ が 90° 以下になるのは，(3.1) 式から考えて，$\gamma_{SL}$ が $\gamma_{SV}$ よりも小さい状態であり，固体の表面を気体が覆うよりも液体が覆う方が全エネルギーは少な

くなる．これを2枚の平板間の空隙に適用すると，2枚の板の間の隙間に液体が浸入することで全エネルギーの低下をもたらす．そこで，液体は固体の隙間に自動的に浸入する．通常の接着や接合は液体の接着剤や半田（液体）などを用いるので，接合・接着には濡れ易いことが不可欠な条件になる．この状態を**浸せき濡れ**といい，その仕事を**浸せき濡れ仕事** $W_i$ という．

更に $\theta$ が $0°$ の場合には，液体は固体表面上を無限に濡れ拡がる．正確には1原子の厚さ（または1分子厚さ）まで濡れ拡がる．これを**拡張濡れ**といい，その仕事を**拡張濡れ仕事** $W_s$ で表す．例えば，池の水に油を1滴垂らすと，油膜が濡れ拡がる現象がこれに相当する（この場合は液体表面上であるが）．

付着から話を進める．これらの現象を身近な例で示してみよう．直径 7mm ほどのビニールの洗濯紐に夜霧が水滴となって付着した状態を図5.1に示す[3]．これを良く観察すると，大きな水滴は紐の真下や真上に，小さなものは側面にも付着していることがわかる．水滴が紐に付着できるのは前述の**付着濡れ仕事**の作用であり，これらの現象を付着仕事と重力の関係で考えると，前者が後者よりも大きいことが付着の条件になる．また，個々の水滴はそれぞれが別々に離れて存在しており，隣接しているものはない．2つの水滴が接触すると，1つの液滴となる方が表面積が小さくなり，全エネルギーの低下をもたらすので，合体が生じてしまうためである．

次に**付着濡れ仕事**（$W_a$）に話を移そう．液滴が固体表面に付着している状態を図5.2のように考えてみる．a)が付着した状態で，b)は液滴が固体から

図 5.1　直径 7mm の選択紐に付着した水滴

## 第5章 濡れの諸形態と濡れ仕事

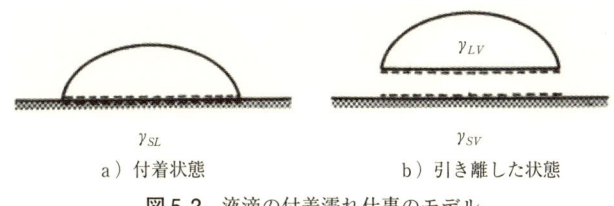

a）付着状態　　　　　b）引き離した状態

**図 5.2** 液滴の付着濡れ仕事のモデル

引き離された状態である．すると，これらの2つの状態のエネルギー差（正確に線張力差）が付着濡れ仕事 $W_a$ になる．この液滴を固体から引き離すと，元々の S/L 界面が消滅して，新たに S/V と L/V の界面が生成されたことになる（表 5.1 参照）．ここで液滴の形状が変化しないと仮定すると，$W_a$ は図 5.2 で a）と b）差から次式で表せる．

$$W_a = \gamma_{SV} + \gamma_{LV} - \gamma_{SL} \quad \cdots\cdots\cdots\cdots\cdots\cdots\cdots\cdots\cdots\cdots\cdots\cdots(5.1)$$

しかし実際には，液滴を引き離すとその形状が球形へと変化するので $W_a$ は少し複雑になり，(5.2) 式で示されよう[3]．ここで形状変化による比例定数 $\alpha$ は 1.0 以下であり，L/V 界面積の減少による定数である．

$$W_a = \gamma_{SV} + \alpha\gamma_{LV} - \gamma_{SL} \quad \cdots\cdots\cdots\cdots\cdots\cdots\cdots\cdots\cdots\cdots\cdots(5.2)$$

水滴が紐の真下に付着している現象は，付着力（$W_a$）の方が重力による仕事（$W_g$）よりも大きいことを意味する．重力は体積（質量）に関連し，付着力は付着周長に関連する*．ここで，水滴の固体との接触角は水滴の大きさには依存しないが，その形状は同じであると仮定する．水滴の体積は半径 $r$ の 3 乗に比例し，付着周長は $r$ に比例する．したがって，$W_g$ と $W_a$ の比は $r^2$ に比例することになる．

$$W_g / W_a \propto r^3 / r = r^2 \quad \cdots\cdots\cdots\cdots\cdots\cdots\cdots\cdots\cdots\cdots\cdots\cdots(5.3)$$

この様に考えると，小さな水滴は界面張力（$W_a$）支配の領域であり，重力に関係なく，紐のいたるところに留まることができる．これに対して水滴が少し大きくなると，重力支配の領域になり紐の下側にくるのが安定になる．勿論，水滴が更に大きくなると $W_a$ よりも $W_g$ が大となり，水滴は紐から落下せざるを得ない．したがって，一定以上の大きさの水滴は図 5.1 には存在しない

---

*毛細管上昇高さの (4.1) 式では毛細管の内周長さを用いた．これと同様に，ここでは付着仕事は水滴の 3 相線の周長に依存する．したがって，(2.3) 式では界面エネルギー $\sigma$ で記述したが，(5.1) 式と (5.2) 式では界面張力が支配するので $\gamma$ で記述した．

ことになる.

　水滴が紐の真上に形成された場合を考えよう．この場合には水滴は準安定状態にある．すなわち，重力分を紐が受け持ってくれるので，原理的には下側にあるよりも大きく成長できる．しかし，ある程度の大きさになると風や地面の振動の影響を受け不安定化する．これにより左右のバランスが崩れると，より安定な下側に移動を開始し，紐の下側に付着するようになるのであろう．図5.1に矢印で示した水滴が正に下側への移動を開始しているように見受けられる．水滴の透明度と濁り具合と形状からこのように判断した．

　次に隣接した水滴が存在しない点にも再度触れておこう．2つの小さな水滴よりも，1つの大きな水滴の方が表面積は少なく，界面エネルギーは小さくなる．すなわち，水滴が大きくなるほどに水滴の単位体積当たりの表面積，すなわち比表面積 $(r^2/r^3)$ は減少するので，全界面エネルギーも少なくて済む．そこで隣接した水滴は1つになることで全エネルギーを低下させる（平衡状態になる）．

## 参 考 文 献

1) 戸田尭三，角田光雄：表面 4 (1967) 660-674
2) 川崎弘司：応用物理 42 (1973) 825-832
3) 中江秀雄：鋳物 65 (1993) 646-654

# 第6章

# 濡れに影響する要因

## 6.1 濡れを決めているもの：界面張力か界面エネルギーか

　濡れ性（接触角 $\theta$）を決めるものは図1.2に示したように，固体／液体／気体間の界面張力の釣り合いである．これまでは，これらの3相が交わる点（正確には線であり，3相線という）での界面張力のエネルギーバランスで論じてきた．しかし，図6.23に記述するように，Adamsonは著書[1]の中でヤングの式を自由エネルギーの界面積変化から導出している．一方では，濡れ仕事の5章（表5.1）では界面長さを基準に界面張力で話を進めてきた．すると，濡れを決めているものは面積当たりのエネルギー（界面エネルギー）なのか，長さ当たりのエネルギー（線張力）なのかを明らかにしなければならない．ここに解決すべき大きな問題点が存在すると考えた．

　著者らはこの点を明確にする目的で1つの実験を試みた[2]．テフロン板に直径3mmの純銅丸棒をはめ込み，平滑な面を作製した．最初に銅棒（円板）の中央部に小水滴を置き，その大きさを次第に増加させた．その時の接触角の変化を写真で図6.1に，接触角で図6.2に示す．これより，銅の上での水滴の接触角は70°であるが，水滴の外径が銅とテフロンの境界に到達すると70°から110°へと次第に増加し，110°に到達すると水滴はテフロン上に拡張する（図6.2）．この110°という接触角は水とテフロンの接触角として報告されてきた値と同一であり，この実験でも同一の値を得ている．すると，大きな水滴の場合には，中央部の銅は接触角には全く寄与していないことは明白である．この事実は，接触角は界面エネルギーの釣り合いではなく，3相が交わる点（**3相線**）

での界面張力の釣合いで接触角が決まることを示している．筆者はこのような結果に度々遭遇している[3,4]．

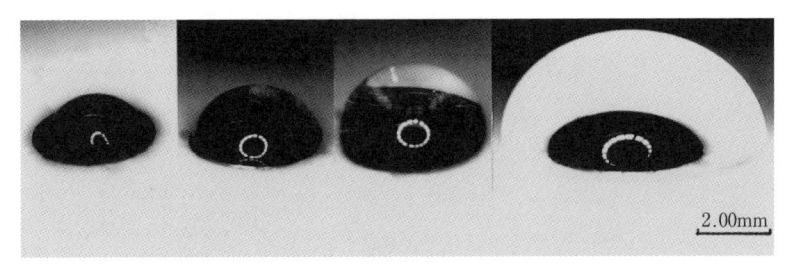

図6.1　銅／テフロン複合表面上の水滴の接触角

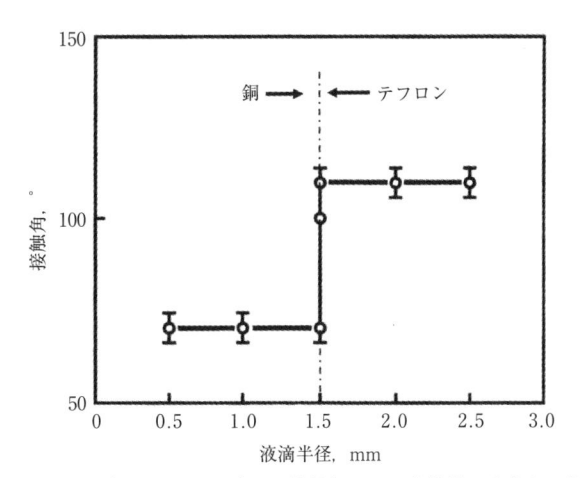

図6.2　銅／テフロン系での接触角に及ぼす液滴の大きさの影響

## 6.2　前進接触角と後退接触角，平衡接触角

　濡れには，液体が固体表面上を濡れ拡がる場合（これを**前進接触角** $\theta_a$ という）と，後退する場合（**後退接触角** $\theta_r$）の2通りがある．しかし，実際にはこれらの間に**平衡接触角** $\theta_e$ がなければならない．しかし，平衡接触角の測定（決定）は難しいので，詳細は6.3節で詳述する．

　**静滴法とメニスコグラフ法**での例で前進接触角と後退接触角の例を図6.3に示す．メニスコグラフ法（図3.1参照）で測定される接触角には，固体試料を

液体中に浸漬する場合の前進接触角と，その固体試料を液体から引き上げる場合の後退接触角の2通りがある（正確には，どちらにも平衡接触角は存在する）．これらの接触角は大きく異なり，その差をヒステリシスと称している．特に静滴法による濡れの測定では前進と後退の問題を避けて通ることは出来ない[5]．しかし，最も重要な接触角は前進接触角と後退接触角の間に存在する平衡接触角であるが，平衡接触角の測定は難しく，厳密にこれを取り上げた論文は非常に少ない．多くの濡れの研究報告では単に接触角として表現されている場合が多い．そこで，これらの接触角を区別して一般に次のように定義している．

**前進接触角** $\theta_a$ （advancing contact angle）
**後退接触角** $\theta_r$ （receding contact angle）
**平衡接触角** $\theta_e$ （equilibrium contact angle）

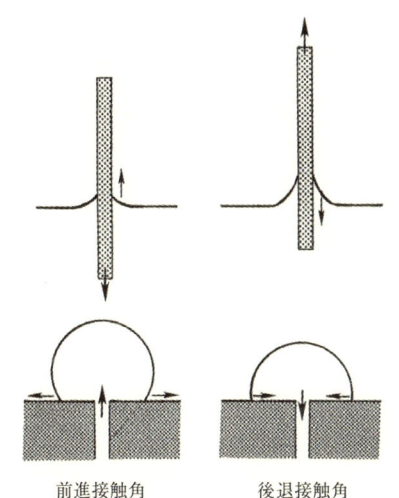

図 6.3 前進接触角と後退接触角

このように各種の濡れを取り扱うと，平衡接触角 $\theta_e$ は（6.1）式のように表すことができるとされている[6]．また $\theta_a$ と $\theta_r$ が 45～135°の範囲にあれば，平衡接触角は単純に（6.2）式で近似することができるとされてきた．

$$\cos\theta_e = (\cos\theta_a + \cos\theta_r)/2 \quad \cdots\cdots(6.1)$$

$$\theta_e \fallingdotseq (\theta_a + \theta_r)/2 \quad \cdots\cdots(6.2)$$

しかし，前進接触角と後退接触角は状況によって大きく変化するので[5]，このような単純な取り扱いには無理がある．これらの式は近似値の算出に利用できる，と考えるべきである．

一般に濡れというと平衡接触角 $\theta_e$ を意味するが，時には前進接触角で示すことが多い．しかしこれまでの多くの論文ではこれらの点が明確には示されておらず，前進接触角と後退接触角の間には大きな相違（ヒステリシス）があるので，濡れのデータベース作成上の大きな障害になっている．

濡れ性の測定には多くの場合，**静滴法**が用いられてきた．この方法では，ほとんどの場合，固体基板の上に固体試料を置き，これを固体基板上で加熱・溶解して液滴とし，接触角を測定している．したがって，この手法では液体が所定の温度に到達するまでに時間を要し，濡れ速度や初期の濡れを測定することができないばかりか，固体表面が液体試料の蒸気で汚染され，厳密な意味での濡れ速度の測定も難しい．

また，多くの研究者は測定雰囲気に真空を用いており，液滴試料の蒸発が問題になる（詳細は 7.4.3 項で詳述する）．雰囲気に真空を用いる方法では，気体は固体と液体との平衡状態にはなく，真の S/L/V の平衡は到達されていないので，平衡接触角の測定はできないと考える．さらに，液滴用の固体試料の形状によっては，初期が前進接触角になったり，後退接触角になったりする．そこで，固体試料の形状を，固体基板に接する部分を小さくし，試料の溶解により液滴が濡れ広がり，その結果として前進接触角が測定できるようにしなくてはならない．

そこで，一部の研究者は注射器のような液滴試料の滴下装置を用いている[7,8]．この場合には滴下容器と金属液滴の反応により，液滴試料が汚染されることが懸念される．これに対して筆者らは改良型静滴法を提案した[9]（図 6.4）．この手法では，炉外にあるガラス管の試料保持部と，炉内にある高純度アルミナ製の液滴溶解・保持・滴下部（底部に滴下孔を設けてある）を連結させている．固体基板試料が所定の温度に到達した時点で，液体用試料を保持部から滴下管内に落下させる．この試料が溶解し，固体基板試料と同じ温度に到達した時点で，炉内の圧力（1.05 気圧）を僅かに低下させ，滴下管内と炉内の圧力差で液滴試料を固体基板上に押出す（滴下させる）方法である．したがって，液滴試料による固体基板の汚染はなく，しかも，滴下管下部の微小な孔を通り抜け

第6章 濡れに影響する要因　29

るときに，液滴試料表面の酸化膜が機械的に除去できる仕組みになっている．この手法を用いることで，酸化皮膜の殆どない清浄な溶融金属液滴を滴下でき，滴下直後からの接触角の経時変化を測定してきた．また，この方法では初期は全て前進接触角となることも特徴の一つである．

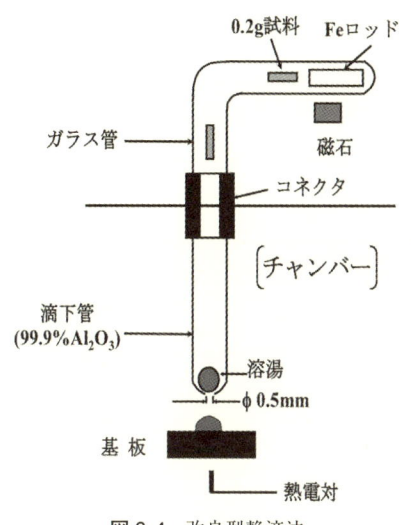

図6.4 改良型静滴法

改良型静滴法を用いて平衡接触角を求めた筆者のMgO-A/Al系での結果[5,9]を図6.5に示す．このMgOは比較的不純物を多く含有しており，その化学組成の詳細は後述の表7.1に示すが，97% MgO，1.7%$SiO_2$，0.8%Caである．

この実験では1.05気圧の脱酸・脱湿した3%水素-ヘリウムガス雰囲気で行った．この様な条件とすることで，3相線付近でのS/L/Vの平衡を考えると，真空での測定に比べてより平衡に近い気体組成が得られ，3相の平衡（特に気体と固体・液体との平衡）が成り立ち易くなっている．

図6.5では，時間軸を通常目盛としたa)と，時間軸を対数目盛としたb)で示した．これまでの多くの研究報告はa)の目盛を用いてきた．しかし，a)で1000℃と1100℃では，長時間側で平衡接触角が得られているようにみえる．しかし，同じ結果を対数目盛のb)で見ると長時間側の領域Ⅲでは接触角は減少し続けているとわかる．図中には，液滴の滴下の振動の影響を接触角が受け

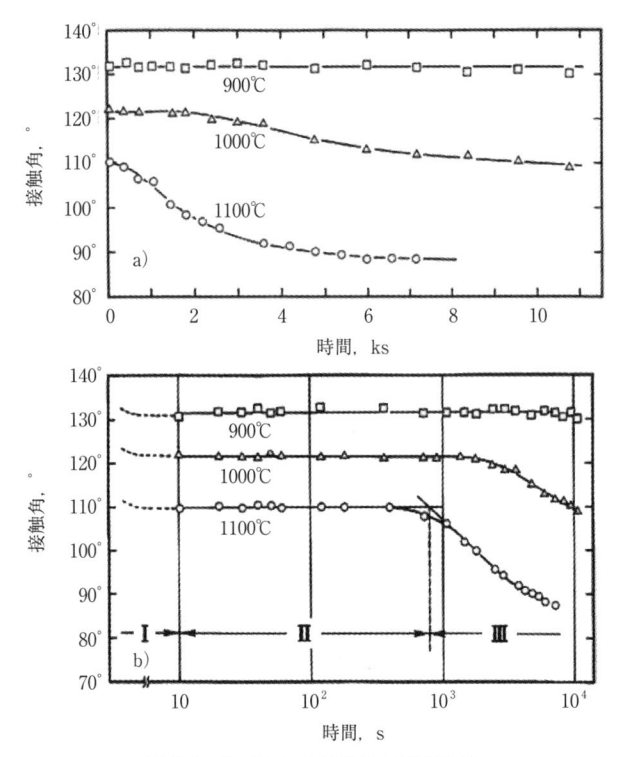

**図6.5** MgO-A の接触角の経時変化
a) 通常時間軸表示, b) 対数時間軸表示

た領域Ⅰはここには示していない.領域Ⅱは接触角が一定値を示す領域である.この様な表記法を用いることで濡れの段階が明確に区別できることから,著者らは対数目盛の時間軸を多用してきた.

　本質的には,この系は化学反応を伴う系であるが,その詳細は7章に譲るとして,ここでは接触角 $\theta$ と,固体基板と液滴との接触径 $2x$ を 900℃,1000℃ と 1050℃ で測定した結果をまとめて図6.6に示す.

　1173K（900℃）では $\theta$ も $2x$ も時間による変化はほとんどない.しかし,1273K（1000℃）になると,①の領域では $\theta$ は低下し,これと同時に $2x$ は増加していることがわかる.これは液滴が拡がり始めたことを意味しており,固液界面は前進しており,前進接触角になる.これに対して 1333K（1050℃）では,①では前進接触角であるが,②では $2x$ は殆ど変化せず,$\theta$ が低下し続け

ている．これは，液体試料の蒸発による体積の減少がもたらした現象で，後退接触角になる．したがって，1333Kでは①と②の境界が前進接触角と後退接触角の境界になり，これが平衡接触角と考えられる．これらの詳細を液滴の形状と前進，後退接触角の関連でまとめて図6.7に示す．勿論のこと，前進接触角は後退接触角よりも大きい．平衡接触角の求め方の詳細は7.4.3項と，著者らの報告[10]を参照いただきたい．

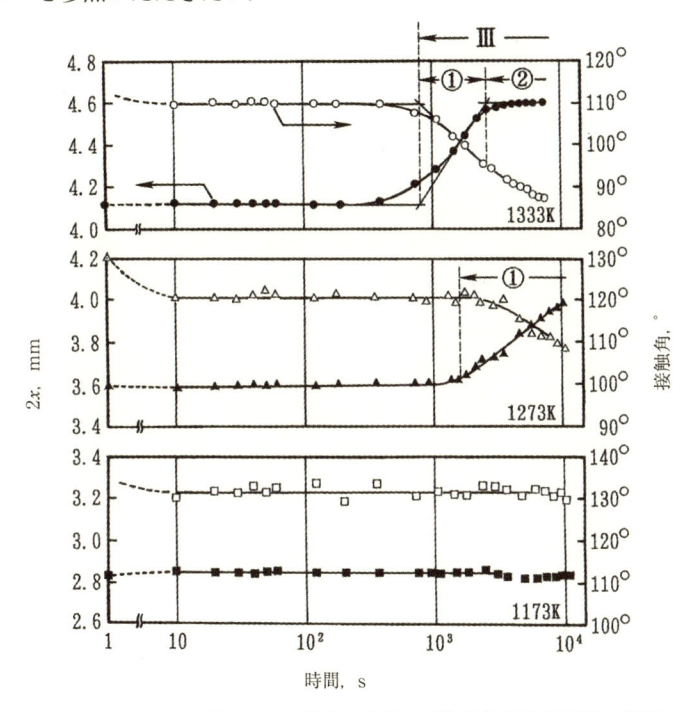

図6.6 MgO/Al系における前進・後退・平衡接触核と接触長の関連

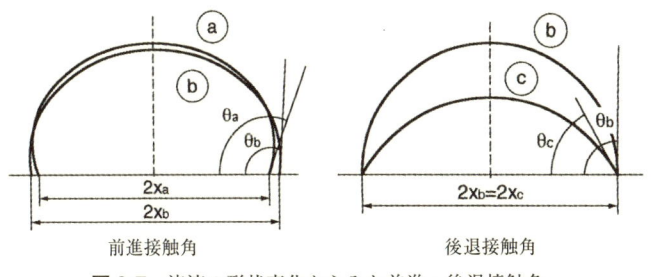

図6.7 液滴の形状変化からみた前進・後退接触角

## 6.3 平衡組成法

先に,濡れ(接触角)は固体/液体/気体の3相間の界面張力の釣合いで決まると記述した.より正確に表現すると,3相間で平衡状態が達成されていなければ真の平衡接触角とはいえない.しかし,先に記述したように,金属分野での濡れの研究は実験の容易さから,主として真空下で行われてきた.これでは殆どの場合に気相の平衡分圧が達成されるはずがないことは前述の通りである.したがって,濡れの測定は1気圧下で行う方がよいと感じているが,それでも十分とはいえない.

先に平衡接触角に関して記述し,この場合には前進から後退の間に平衡がある,と記述した.しかし,これは物理的な平衡に他ならず,化学的にも固/液が平衡に到達していなければならないが,この証明は極めて難しい.例えば,レインコートの上の水滴では,両者間には化学反応は起こらず,物理的にも化学的にも平衡状態にあるといえる.しかし,固体と液体の間に初めから化学平衡が成り立っている場合の測定法に関して,Si/Al-Si系を用いてどのように考えるかを次に記述する.物質移動の濡れに及ぼすに関しての詳細は7章に譲る.

Al-Si系の状態図で,溶融Al-Si合金融液と固相のSiが共存する(平衡する)範囲では,これらの相は化学的に平衡に達している.そこで,固体と液体が平衡している場合の測定法を図6.8に示す[11].これは,改良型静滴法を用い,固体基板(Si)が所定の温度に到達した時点で,上部に設置したガラス管内の過剰のSiとAl試料を下部に落下させ,測定温度でSiを飽和させたAl-Si溶湯を作る.そして,このSi飽和溶湯をSi基板の上に滴下する.この手法を用いることで,物理的にSi飽和したAl溶湯が得られる.この場合には,滴下用のSi量を減らすことで,未飽和の条件下での測定も可能である.これと同様の手法を,著者は黒鉛/Fe-C系にも適用している[12].

これらの手法を用いてSi/Al-Si系で測定した時の液滴形状の変化を図6.9に示す[11].この系ではAlの出発原料(Al-Si合金であってもよい)によらず,時間が経過すればAl液相はSiで飽和し,固/液の化学的平衡は達成される.しかしながら,短時間側での濡れ速度(濡れ拡がり速度)は未飽和のAl-Si合

第 6 章 濡れに影響する要因

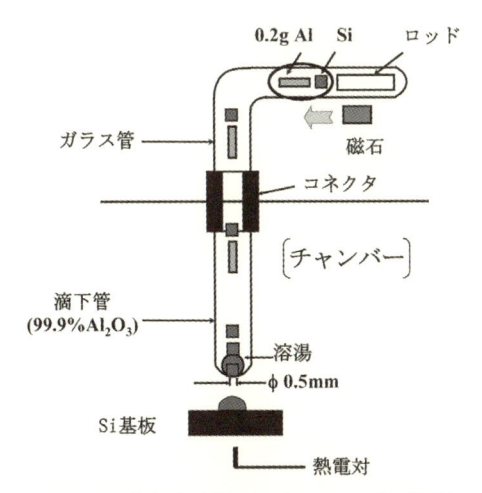

図 6.8 平衡組成測定原理（Si/Al-Si 系の場合）

金を用いた方が飽和溶湯（Al-$Si_{sat}$ と記述）を用いた場合に比べて著しく速いことと，長時間が経過しても，これらの接触角は大きく異なることが判明した．

Si/Al-$Si_{sat}$ 1173 K

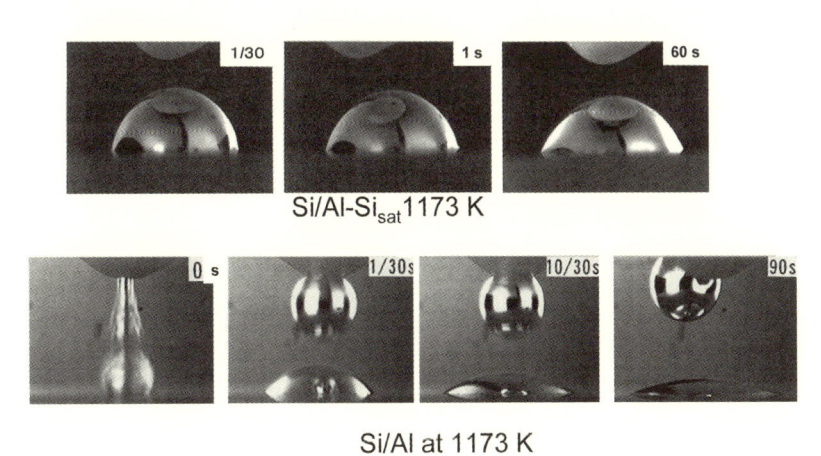

Si/Al at 1173 K

図 6.9 Si/Al-Si 系の接触角の経時変化

図より，固体と液体が平衡している系では，液滴の形状（接触角）は保持時間で殆ど変化しない．これに対して，液体が固体に未飽和の場合には，液滴は

急激に濡れ拡がり，接触角は低下する．固相と液相間で時間の経過により化学的な平衡が成り立っているにもかかわらず，その接触角は平衡組成法の場合よりも著しく低い．これが，物質移動による濡れ拡がり速度への影響である．この結果とは無関係であるが，未飽和の Si/Al 系（図 6.9 下）では，滴下管下部に一部の液滴が残留したままの状態であることも示した．この液滴は位置は変化しているが，形状は全く変化していない．

しかし，これらを厳密に議論すると，先に記述したように S/L/V の 3 相が平衡に達していなければならないが，ここでは気体がその条件を満たしているか否かは不明である．すなわち，溶融金属を用いた濡れ測定では気体を固体・液体と平衡させることは難しく，その証明は殆ど不可能に近い．

そこで，これら 3 相間の平衡を成立させるため，NaCl/NaCl 飽和水溶液系での濡れを測定した結果を，液滴と NaCl との接触直径 $2x$ の変化で図 6.10 に示す[13]．この系では接触角が非常に小さいので，接触角の代わりに $2x$ で測定した．この場合には測定雰囲気の水蒸気分圧を制御することができ，平衡水蒸気分圧（相対湿度で 75%）に制御すると，S/L/V の完全な平衡状態で濡れの測定ができる．この様な実験により，平衡水蒸気分圧のときに濡れが最も悪く（$2x$ が最少に）なることを明らかにした．この点は金属分野での濡れ測定の今後の課題でもある．すなわち，工学的に必要な値（見掛けの接触角）と真の接触角の問題になる．

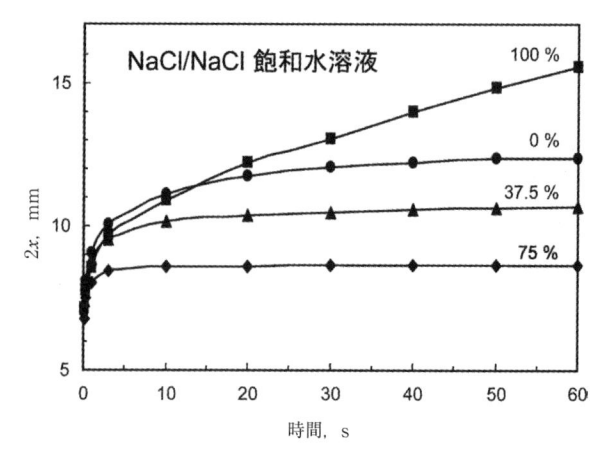

図 6.10　NaCl/NaCl 飽和水溶液系での接触径に及ぼす水蒸気分圧（相対湿度）の影響

この系では，測定終了時に水滴を圧縮空気ジェットで吹き飛ばし，測定時の固液界面形状を表面粗さ計で測定できる特徴も有している．固液界面形状を測定した結果を図6.11に示す．これより，NaCl飽和水溶液を平衡相対湿度75％で滴下した場合には，固液界面はほぼ平滑に保たれていることを確認した．しかし，ジェットで水滴を吹き飛ばしても，表面に微小な水滴が数多く残留し，それらの小水滴の蒸発により生成した微細なNaCl粒により表面粗さは多少増大しているが，マクロ的な水平面は保たれている．これは固体から液体への物質移動はなく，3相間の平衡が得られていた証拠である．これに対して，NaCl/純水系ではNaCl表面は大きく窪んでおり，この窪み分が水に溶解したNaCl分に相当する．

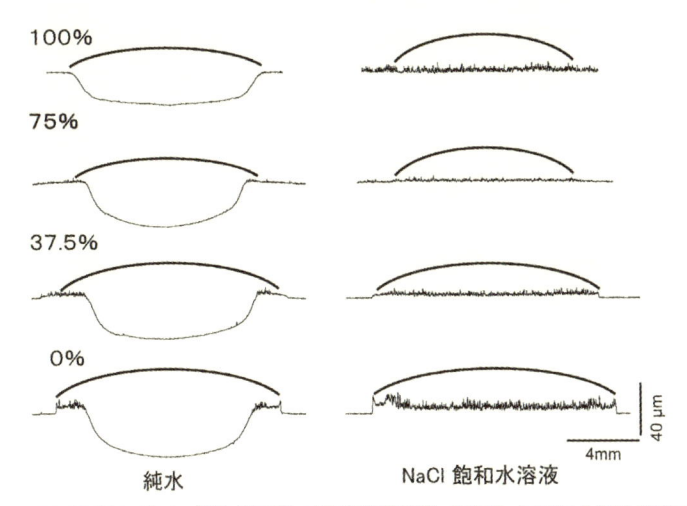

図6.11 NaCl/H₂O系での濡れ測定後の固液界面形状（20℃）に及ぼす相対湿度の影響

## 6.4 面粗さと濡れ

これまでの濡れの議論は，固体基板表面が原子オーダーで平滑で，凹凸が無いことを予め仮定して話を進めてきた．しかし実際の固体表面は凹凸がある，として扱った方が良い．そこで，固体表面が粗れており，その実際の表面積は平滑な場合に比べて $m$ 倍になったと仮定する．この場合の真の接触角を $\theta$，

粗い面での見掛けの接触角を $\theta_m$ とすると，これらの関係は次のように表すことができる[14]，とされている．すると，界面張力の釣合いには，$m$ は $\gamma_{SV}$ と $\gamma_{SL}$ に作用し，$\gamma_{LV}$ には影響していないので，これらの関係は (6.3) 式のように記述できる．これを整理すると (6.4) 式が得られる．この $m$ を Wenzel の Roughness Factor（面粗度係数）という．

$$\gamma_{LV}\cos\theta_m = m(\gamma_{SV} - \gamma_{SL}) \cdots\cdots\cdots\cdots\cdots\cdots\cdots\cdots\cdots\cdots\cdots\cdots(6.3)$$

$$\cos\theta_m = m\cos\theta \cdots\cdots\cdots\cdots\cdots\cdots\cdots\cdots\cdots\cdots\cdots\cdots\cdots\cdots(6.4)$$

これによると，$\theta = 90°$ すなわち $\cos\theta = 0$ を境にして，90°以下では $\theta_m < \theta$ となり，面が粗れるほど濡れは良くなり，これに対して $\theta$ が 90°以上の場合には逆に $\theta_m > \theta$ となって（図6.12-1），逆に濡れを悪くすることがわかる．言い換えれば，濡れの良い系では面を粗くすればするほどに濡れは良くなり，濡れが悪い場合はこの逆で，粗くするほどに濡れが悪くなることを示している．これが図1.1での蓮の葉上で水滴がほとんど濡れない機構である．

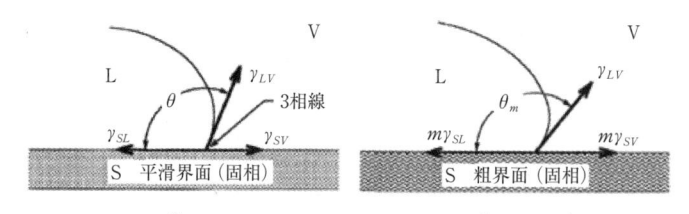

平滑面での接触角 $\theta$，粗面での接触角 $\theta_m$

図6.12-1　接触角に及ぼす面粗さの影響

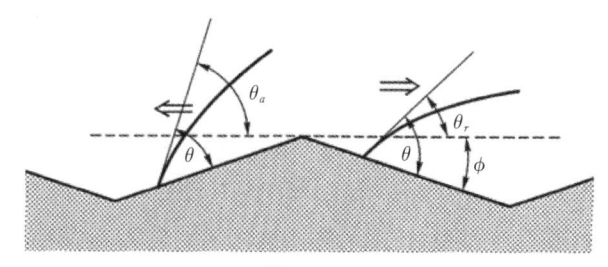

図6.12-2

この図で，表面粗さが著しく大きい場合のモデルを図6.12-2に示した．液滴先端が下り坂の斜面に到達すると前進接触角になり，上り坂の場合には後退

接触角になることがわかる．これらの場合には真の接触角は$\theta$で変化していないにも関わらず，測定される見掛けの接触角は$\theta_a$と$\theta_r$になり，それぞれ異なって観察される．

　Wenzelの場合は理論値であり，これを実際の表面に適用するには多くのモデルが提案されてきた．この分野の研究ではJohnsonとDettreの報告[15]が著名である．彼らは粗れた面のモデルに，静かな水面に石を投げたときに生じる同心円的な波紋のモデルを用い，接触角に対する面粗さの影響を論じている．この規則的な粗さの理想表面を用いて，濡れ（接触角）に対する表面粗さの影響を，重力の影響を無視して論じている．この時の波紋のピッチを$x_0$，その高さを$2z_0$，真の接触角を$\theta$，観測される見かけの接触角を$\theta'$とした（図6.13）．

　この論文では液滴の高さには言及していないが，重力の影響を無視しており液滴の形状は球冠でなければならない．したがって，球の高さ$h$は球の半径$r$と接触角の関数になる．この点に関してHuhら[16]は明確に球冠として論じている．すると，固体表面と液滴の接点の角度$\theta$は接線と法線の角度であり，90°でなければならないが，Johnsonらはこれを真の接触角$\theta$として論じている．ここにこの論文[15]の最大の問題点がある，と考える．また，この様な同心円的な面粗さモデルも現実性がない．

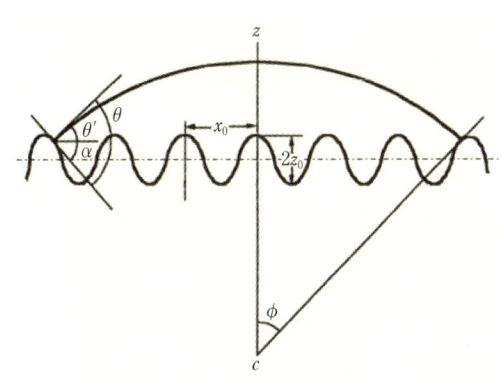

**図6.13** JohnsonとDettreの理想表面上の濡れモデル[15]

　この点に関してHuhら[16]はYoung-Laplaceの（6.5）式を満足する液滴形状を考え，真の接触角$\theta$は図面上に表示していない．しかし，局所的には接触線（3相線）に真の接触角$\theta$が存在することを仮定し，$h$は$\theta$と$\phi$の関数とし

て理論的に解いている．また，3次元的に規則正しい粗れた面に関しても数学的に解いてはいるが，これらの論文 [17, 18] では実測値との比較はなされていない．

Young-Laplace の式で図2.5の液滴形状を考えると，側面では2つの曲率半径 $r_1$ と $r_2$ があり，頂点では $r_1=r_2=r$ で表せる．この際の液滴内部と外部の圧力差 $\Delta P$ は（6.5）式で表せる．これを Young-Laplace の式という．勿論，球形の水滴では曲率半径は1つであり，$r$ でよい．

$$\Delta P = \gamma(1/r_1 + 1/r_2) = 2\gamma/r \quad \cdots\cdots\cdots\cdots\cdots\cdots\cdots\cdots\cdots\cdots\cdots\cdots(6.5)$$

標準的（或いは理想的）な粗れた面とは何かというと，これは非常に難しい．著者ら [4] は，理想的な粗れた面のモデルとして微細なボールベアリング（真球）を密に並べて面を作製した．その半径 $r$ を 0.05mm から 1.0mm に変化させ平面を作成し，この面にパラフィンを薄くコーティングし，濡れの悪い規則的な面を作製した．この面に水滴を置いて接触角の測定を行い，併せて理論的な解析も試みた．ちなみに，パラフィンと水の接触角は 107° である．この場合には，見かけ上 Wenzel の面粗度係数 $m$ はベアリング球の大きさには依存せず，一定である．

ボールベアリングで構成した面上の水滴の形状を図 6.14 に示す．また，これらの実験結果を，純水系（$H_2O$）と，これに界面活性剤を添加した系（$H_2O$＋SDS）でまとめて図 6.15 に示す．これより，両方の系に於いて接触角が最大値を示す面粗さが存在することを明らかにした．これらの現象を説明するため，図 6.16 に L/V 界面の曲率 $R$ を一定としたモデルを提案した．これは，

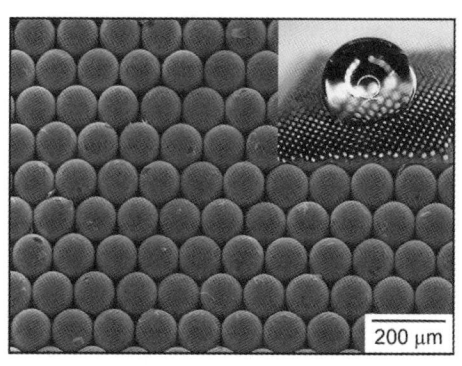

図 6.14　ボールベアリングで構成した面上の水滴の形状

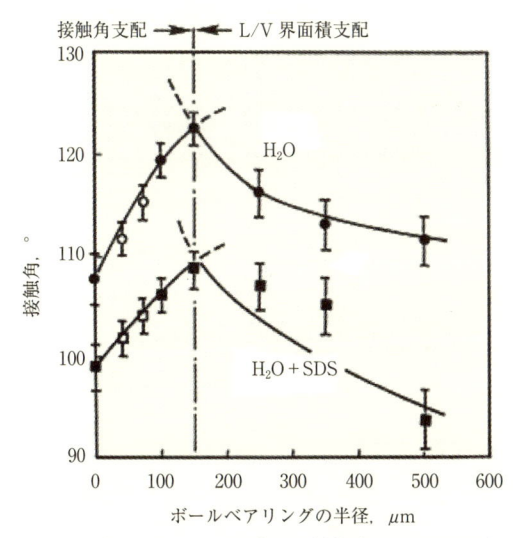

図6.15 水／パラフィン系での接触角に及ぼす面粗さ
（ボールベアリング径）の影響

　固体表面上の液滴の自由表面部の曲率である．ここでは，$R$ を用いて球の大きさの影響を，見掛けの固液界面での L/S と L/V 界面積を算出した．この値をもとに，濡れの複合則で見掛けの接触角を算出する．この際には3相線上でのL/S と L/V 界面長さ比が，見かけの固液界面上の L/S と L/V 界面積比と等しいとの仮定で計算を行った．

　ここでは，この固／液／気界面での液滴面（L/V）の局所的な曲率半径 $R$ はボールベアリング径 $r$（図中では $h$ で表示）に依存しないとすると（図6.16），ベアリング球が小さくなると L/V 界面の比率が大きくなる．したがって，接触角はボールベアリング径の減少により増大しなければならない．これを L/V 界面積支配領域とした．正確には3相線での L/V 界面長さは増大し，S/L 界面長さは減少する．このモデルでは，究極的には蓮の葉の上の水滴のように，接触角は180°にならなければならない．しかし，実測値は最大値を持ち，その後は接触角は低下しており，このモデルだけでは説明し得ない．

　そこで，曲率半径 $R$ が液相の自由界面長さ $\lambda$ により変化するモデル図6.17を提案した．この図では $R$ は表示されていない．ただし，図6.17ではベアリング球を大きくすると，L/V 界面を拡大して描くのが難しいため，球の間隔

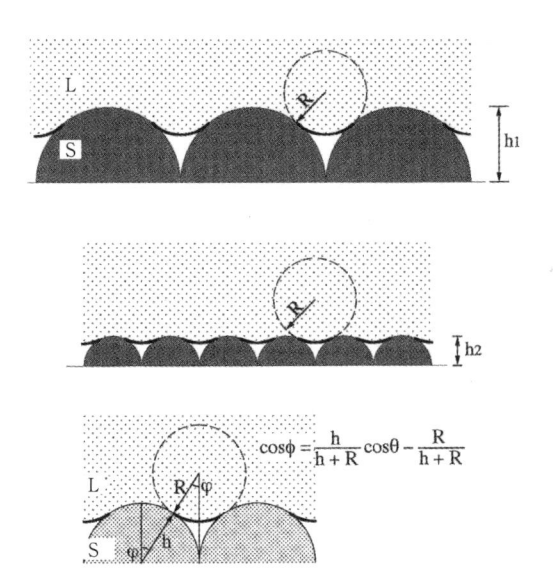

$$\cos\phi = \frac{h}{h+R}\cos\theta - \frac{R}{h+R}$$

**図 6.16** 固液界面での液体／ボールベアリング界面での液体の曲率半径 $R$ を一定としたモデル

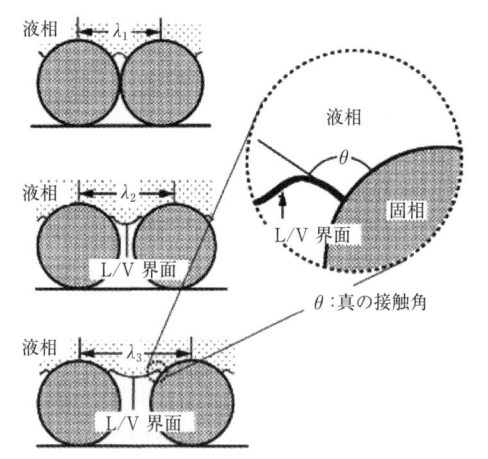

**図 6.17** ボールベアリングで構成した面上の水滴の固液界面ミクロモデル

をあけて図示した．ボールの間隔が短い場合，これを接触角支配領域とすると，これが図 6.15 でベアリングの半径が $150\mu m$ から $10\mu m$ に減少すると，接触角 $\theta$ が減少する．すなわち $150\mu m$ で最大値を取る．L/V の間隔 $\lambda$ が小さく

# 第6章 濡れに影響する要因

なると，ボールベアリングと液滴の界面形状は真の接触角に支配されるようになる，というモデルである．このような2つのモデルを使うことで図6.15の結果が説明できる．これらの領域を，接触角支配領域とL/V界面積支配（Young-Laplace）領域と定義した．

これらの結果を正確に表現すると，見掛け上はこの微細球を並べた粗面ではWenzelの粗度係数 $m$ は一定であるが，実は液滴下のL/V界面とS/L界面長さの比がベアリングの半径 $r$ により複雑に変化している，と理解できる．ここにも濡れの複合則[17, 18]の適用には限界があることがわかる．詳細は次章で後述する．

## 6.5 不均質固体への濡れ（濡れの複合則）

これまでの論議では固体表面は均一である，との仮定の下に行ってきた．しかし，実際の面は均一でないことが多い．そこで，固体表面の均質性について考えてみる．例えば松坂牛の肉は，赤身と脂肪分の霜降り肉として著名である．この場合に霜降り肉（不均一固体基板）と割り下（液体）との濡れはどのように扱えばよいのであろうか．また，通常のセラミックスの場合，粒界は粒内とは別な相で構成されることが多い．これらのような場合の，複合表面の濡れの取扱いに関して言及してみよう．

固体表面を構成する相を $S_1$，$S_2$ とし，それぞれの比率を $f_1$，$f_2$ とする．ここで純粋の $S_1$ および $S_2$ 相と液体の接触角をそれぞれ $\theta_1$，$\theta_2$ とする．この複合固体と液体の見掛けの接触角を $\theta_c$ とすると，これらの関係は次のように示されている[1, 17]．これをCassieの複合則という．

$$\gamma_{LV}\cos\theta_c = f_1(\gamma_{S1V} - \gamma_{S1L}) + f_2(\gamma_{S2V} - \gamma_{S2L}) \quad \cdots\cdots(6.6)$$
$$\cos\theta_c = f_1\cos\theta_1 + f_2\cos\theta_2 \quad \cdots\cdots(6.7)$$

この関係式は濡れの複合則とも言われている．(6.7)式の特異な応用例の1つに，金網のような物質への適用がある．この場合，$S_2$ 相は空気であり $\theta_2 = 180°$ とすると，(6.7)式は(6.8)式のように表せる[1, 17]．ただし，濡れの良い系では液体は金網の隙間を通り抜けてしまうので，このモデルは濡れの悪い系にしか適用できない．

$$\cos\theta_c = f_1\cos\theta_1 - f_2 \quad \cdots\cdots(6.8)$$

これらの式の適用限界を考えてみよう．それは図6.1，6.2で記述したように，3相線上の2相（固／液と液／気）の長さの比（$L_1$=L/Sと$L_2$=L/V）と固液界面下での各相の面積比$f_1$と$f_2$が等しい場合にのみ，これら（6.6）から（6.8）式が適用できることに注意されたい．図6.15では見掛け上はWenzelの粗度係数は一定であるにも拘わらず接触角が変化した理由がここにある．すなわち，$R$がボールベアリング半径$r$の関数になっていることを示している．したがって，表面粗さも濡れに影響する[19]．この顕著な応用例にエアコンの熱交換器への応用がある．熱交換器のフィンを粗面化することで濡れ性を向上させ，水を膜状にすることで熱交換効率の向上を図っている[20, 21]．

## 6.6 濡れ性の制御

溶融金属などの液体の表面張力を低下させる目的で，溶融金属に添加する合金元素を**界面活性元素**と呼ぶ．これには，鉄に対しては硫黄や酸素，テルルが[22]，アルミニウムに対してはナトリウムやカルシウム，ビスマスなどがある[23-25]．一方，濡れを変化させる目的で固体表面に加工を施すことを**表面改質**という．濡れを悪くさせる物の例に布地の防水加工やフライパンのテフロン加工，鋳造金型の各種の表面処理があり，良くする物には半田やろう付けのフラックス処理，溶融メッキの前処理などがある．

また，浮遊選鉱などはまさに濡れを活用した鉱業プロセスそのものである．この場合には取り出したい鉱物と選鉱液との濡れを悪くさせる界面活性剤を用い，鉱物粒を液中に懸濁させる．これに空気を吹き込んで，目的とする鉱物粒のみを吹き込んだ空気の泡に取り込ませ，液中から抽出する手法である．詳細は8.4節で記述する．

更には，固体と液体間の物質移動や化学反応も濡れを促進することが明らかになってきた[26]．半導体部品への半田付けでは，生産性の向上や溶融半田の熱による半導体部品の劣化を避けるためにも，濡れ速度の向上は不可欠である．

## 6.7 メニスコグラフ法と静滴法の比較

短時間での濡れの変化を測定する手法の1つにメニスコグラフ法がある．これは液体試料中に固体試料を浸漬させ，固体試料にかかる力 $F$ を測定し，この値から濡れ（接触角 $\theta$）を算出する手法である．この方法は短時間での濡れの測定に適しており，主に半田の世界で多用されてきた[27,28]．筆者もメニスコグラフ法を用いて多くの濡れの研究を行ってきたので[29]，ここでは静滴法とメニスコグラフ法の利害得失を論じる．先ずは，メニスコグラフ法の原理を濡れが良い系で図6.18に示す[30]．

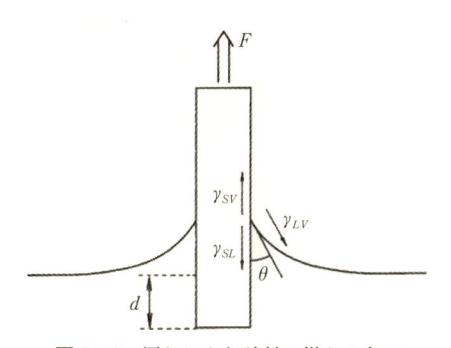

図6.18 濡れにより試料に掛かる力 $F$

試料に掛かる力 $F$ は，接触角 $\theta$，3相線長さ（周長）$P$ と，浸漬深さ $d$ により発生する浮力 $f$ が影響し，次式で表せる．

$$F = P\gamma_{LV}\cos\theta - f \quad \cdots\cdots\cdots\cdots\cdots\cdots\cdots(6.9)$$

したがって，$F$ を測定することで間接的に $\theta$ が求められる．しかし，この場合には $F$ は $P$ や $f$ にも影響され，$\theta$ を正確に求めるのは少し複雑になる．純水とガラス板の濡れをメニスコグラフ法で求めた結果（側面と垂直面から観察した液面のメニスカスの形状）を図6.19[31]に示す．これより，長手方向の垂直面での液面のメニスカスの形状は中央が少し凸になっているが，端部では液面は低下し，その度合いは試験片形状で異なることがわかる．これは隅部では液体を支える固体が少なく，液面が低下してしまう現象である．したがって $\theta$ は一定でも試験片形状により $F$ は変化することになる．無限長さを有する試料

では図 6.19 の両端部での液面低下の影響が除去できる．そこで，理想的な浸漬試料の形状は無限長さを有する薄板とされているが，これは実験不可能であり，試験片形状依存性を考慮しなければならない．

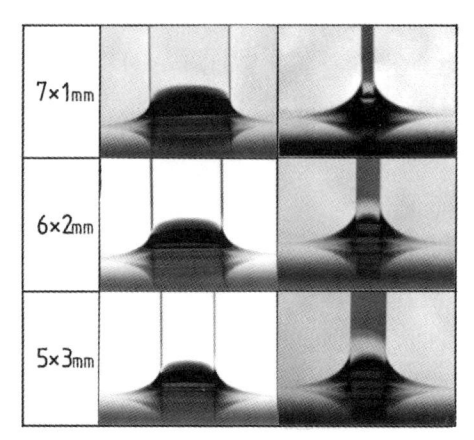

図 6.19　ガラス／水系でのメニスカスの形状に及ぼす試験片形状の影響

これらの点を考慮に入れた段階で，メニスコグラフ法による理想的な濡れ曲線（$F$ の経時変化）を図 6.20[30)] に示す．本法で得られる結果は前進接触角か，平衡接触角であり，平衡接触角が容易に確認できる点，動的な濡れが測定し易い点では静滴法よりも優れている．

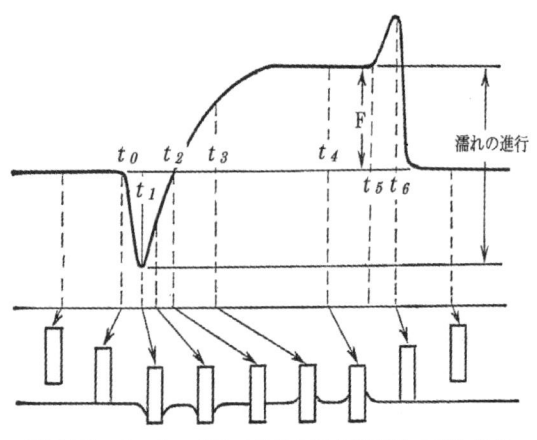

図 6.20　メニスコグラフ法における理想的な濡れ曲線

この方法では、固体試料を液体に時間 $t_0$ で浸漬を開始すると、最初は液面が押し下げられ、$t_1$ で浮力（正確には浮力を含む反力）は最大値になり、$t_2$ で液面と試料のなす角度が 90° になる。そして $t_4$ で濡れは平衡値に達する。試料の引上げを $t_5$ で開始すると、$F$ は $t_6$ で最大値に達する。さらに液体から固体試料を引き上げると、固体試料の質量だけが測定される。図 6.20 では縦軸は試料に掛かる力 $F$ で、$t_2$ で液面と試料のなす角度が 90° のとき $F$ をゼロとして、試料に掛かる力で示してある。したがって、図中の $F$ から接触角が求められる。勿論、濡れが悪い場合には $F$ は負の値をとる。ここで、$t_0$ から $t_1$ までは見掛け上、濡れが始まるまでの時間で（実際にはこの時間中も濡れは進行しており、この曲線からは真の濡れ速度は測定できない）、$t_1$ から $t_4$ までは濡れの進行過程である。

メニスコグラフ法を用いて純銅と水銀の濡れを測定した結果を図 6.21 に示す[31]。これより、試験片形状により $\gamma_{LV}\cos\theta$ の値が異なることがわかる。これが試験片形状の濡れに対する影響である。

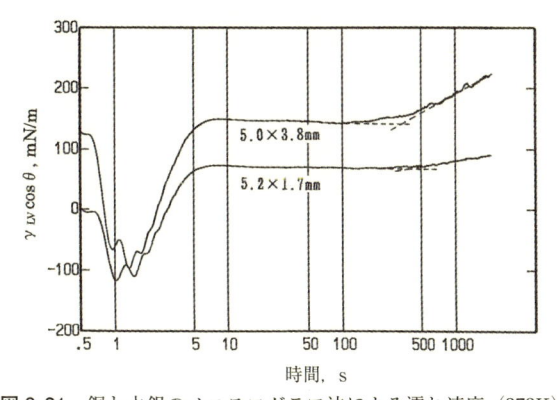

図 6.21 銅と水銀のメニスコグラフ法による濡れ速度（373K）

更に、図 6.21 をよく見ると、図 6.20 とは異なることがわかる。固体試料を浸漬した直後には浸漬の影響で液面が揺れ動いており、その影響が曲線に現れている。この実験では浸漬深さは 5mm、浸漬速度は 30mm/s としており、浸漬は 1/6 秒で完了しているが、$\gamma_{LV}\cos\theta$ の値は 2 秒付近で最小値を示しており、濡れ速度が遅いことを示唆している。

この図を用いた濡れ速度の求め方を次に示す．試料の浸漬速度を無限大と仮定し，かつ，浸漬により液面に揺れ動きが発生しないと仮定する．図中では浸漬完了の時間をゼロ（図6.19では$t_0$）から濡れが進行したと仮定して，この曲線から濡れ速度Kを求めた．その結果を図6.22に示す．図中で$\gamma_{LV}$ = 456mN/mは水銀の表面張力値である．

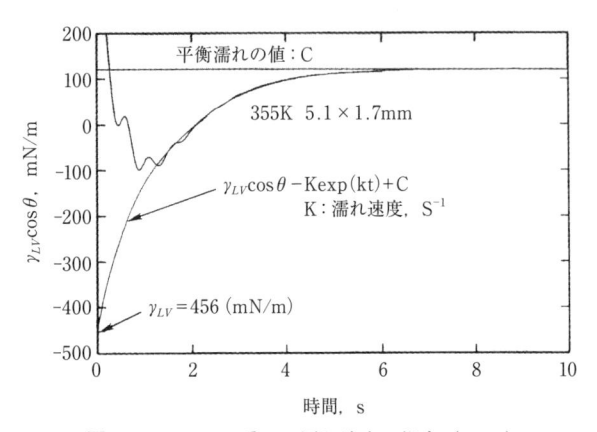

**図6.22** Cu/Hg系での濡れ速度の推定（355K）

話は戻るが，図6.21をよく見ると試料の浸漬から数百秒後に再び$F$の値が上昇し始めているのがわかる．これが化学反応を伴う濡れで，浸漬当初のCu/Hg界面はCuのHgへの溶解と両者間の化学反応でCuHg（金属間化合物）を生成し，CuHg/Cu飽和Hg界面になっている．すなわち，CuがHgと反応してCuHgを生成し，一方ではHg中にCuが溶け出し，Cu飽和のHgになっているはずである．しかしながら，この図からはCuHg/Cu飽和Hg系の平衡値は得られておらず，接触角は変化し続けており，界面反応が進行中であることもわかる．これと同様の結果は黒鉛/Al-Si系でも得られている[32]．

メニスコグラフ法と静滴法の利害得失と相違点を考えてみる．メニスコグラフ法では平衡接触角を確認できること，動的な濡れの測定に適していることは前記の通りである．しかし，濡れの見掛け上の値が試験片形状により変化するのが最大の欠点で，濡れ性の評価には常に同一形状の試験片を用いなければならない．一方で，これらの実験では浸漬当初は固体Cu試料の温度はHgよりも低く，温度上昇に伴う濡れの改善現象もこれには含まれている．

第6章 濡れに影響する要因　　　　　47

　両者の最大の相違点は液体と固体の体積比にある，と著者は考えている．メニスコグラフ法では大量の液体に少量の固体試料を浸漬させるのに対して，静滴法では大量の固体基板上に少量の液滴を置く．すると，メニスコグラフ法では固体が液体に溶解し易い系の測定には不向きである．すなわち，固体試料が溶解し，なくなってしまうことがある．これに対して静滴法では液体は固体で飽和し易く，先の系の測定には適しているが，液体の蒸発による接触角の変化，すなわち，後退接触角を測定し易い[5,9]欠点を有している．

　また，静滴法では図6.6で記述したように，前進接触角と後退接触角の中間に平衡接触角があり，平衡接触角の測定に利用できるが[10]，その確認は難しく，多くの報告ではこの点には言及していない．これに対して，メニスコグラフ法では通常は前進接触角が測定され，平衡接触角の測定も容易である．さらに，液体の蒸発による影響を考慮する必要がない．

## 6.8　平衡接触角の熱力学

　先に記述したように，これまでは界面エネルギーで濡れの話がされてきた．例えば，図6.23に示すように，濡れ面積の変化による自由エネルギー変化から接触角が論じられてきた．

$$\varDelta F = \varDelta A(\sigma_{SL} - \sigma_{SV}) + \varDelta A \sigma_{LV} \times \cos(\theta - \varDelta\theta) \quad \cdots\cdots(6.10)$$

$$\lim_{\varDelta A \to 0} \varDelta F / \varDelta A = 0$$

(6.10) 式より，$\sigma_{SV} - \sigma_{SL} = \sigma_{LV} \cos\theta$ を導いてきた．

　しかし，著者は3相線長さで濡れを論じてきた．この場合には図6.24の様に考えるべきである．そこで濡れ拡がりによる3相線長さの変化は

　　　3相線長さ：$L = 2\pi(r + \varDelta r)$，$\varDelta L = 2\pi \varDelta r$

で表される．そこで，

$$\varDelta F = \varDelta L(\gamma_{SL} - \gamma_{SV}) + \varDelta L \gamma_{LV} \times \cos(\theta - \varDelta\theta) \quad \cdots\cdots(6.11)$$

$$\lim_{\varDelta A \to 0} \varDelta F / \varDelta L = 0$$

これより，$\gamma_{SV} - \gamma_{SL} = \gamma_{LV} \times \cos\theta$ の関係式を解くべきと考える．

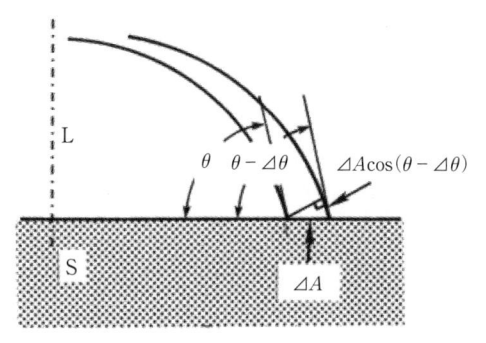

**図 6.23** 界面エネルギー変化による平衡接触角の求め方

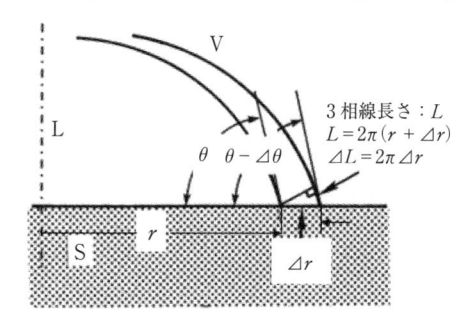

**図 6.24** 界面張力変化による平衡接触角の求め方

## 6.9 各種の静滴法[33]

濡れの測定には通常は静滴法が用いられてきた．これには多くの手法がある．これらの手法を図 6.25 に示す．1)でa)は一般に用いられる静滴法で，固体基板の上で液体試料を溶解する方法である．b)は液滴試料にA-B合金を使用する場合の特殊な手法である．これに対してc)は，一般には注射器型が用いられており，著者らの改良型静滴法もこの範疇に入る．

2)のd)とe)は，移行型静滴法（Transferred drop method）と呼ばれる手法である．d)は下の基板よりも上の基板に濡れ易いものを用い，下の液滴を上に移行させる手法である．これに対してe)は，液滴を上に移行させた後に，下または上の基板を上下させ，前進接触角と後退接触角を測定する手法である．

# 第6章 濡れに影響する要因

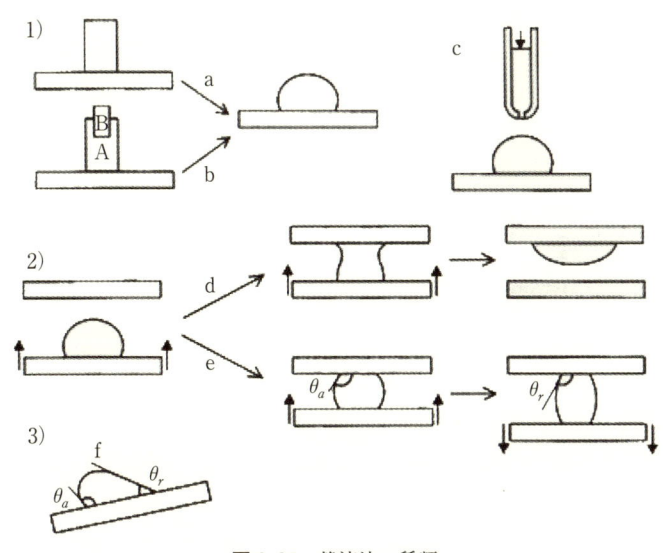

**図6.25** 静滴法の種類
1) 代表的な静滴法, 2) 移行型静滴法, 3) 傾斜型静滴法

そして3)のf)は，基板を傾けることにより前進接触角と後退接触角を同時に測定できる手法である．この手法を考えると，基板の傾け方でこれら接触角が変化することが理解できる．したがって，試料の傾斜角でそれぞれの接触角は変化する．これが，接触角のヒステリシスである．それ故，(6.1)式や，(6.2)式での平衡接触角の求め方は簡便法になる．

## 参 考 文 献

1) Physical Chemistry of Surfaces, 4th Ed.：W.Adamson, John Wiley & Sons (1982) 338-340
2) 斎藤博之，横田 勝，山内五郎，中江秀雄，高井健一：材料試験技術 44 (1999) 97-99
3) H.Fujii, H.Nakae and K.Okada：Acta mettall.mater. 41 (1993) 2963-2971
4) H.Nakae, R.Inui, Y.Hirata and H.Saito：Acta mater. 46 (1998) 2313-2318
5) 吉見直人，中江秀雄，藤井英俊：日本金属学会誌 52 (1988) 1179-1186

6) 川崎弘司：応用物理 42 (1973) 825-832
7) K.Nogi and K.Ogino：Canadian Metallurgical Quarterly 22 (1983) 19-28
8) F,L.Harding and D.R.Rossington：J.The American Ceramic Soc., 53 (1970) 87-90
9) N.Yoshimi, H.Nakae and H.Fujii：Mater. Trans. JIM 31 (1990) 141-147
10) H.Fujii and H.Nakae：*Acta matter* 44 (1996) 3567-3573
11) 中江秀雄, 加藤弘之：日本金属学会誌 63 (1999) 1356-1362
12) S.Jung, T.Ishikawa, S.Sekizuka and H.Nakae：J.Mater. Sci. 40 (2005) 2227-2231
13) H.Nakae and Y.Koizumi：Materials Sci. and Eng. A 495 (2008) 113-118
14) R.N.Wenzel：Ind.Eng.Chem.28 (1936) 988
15) R.E.Johnson and R.Dettre：Contact Angle, Wettability, and Adhesion, F.M.Fowkes Ed. American Chemical Soc. (1964) 112-135
16) C.Huh and S.G.Mason：J.Colloid and Interface Sci. 60 (1977) 11-38
17) A.B.D.Cassie and S.Baxter：Trans.Faraday Soc. 40 (1944) 546
18) R.N.Wenzel：Ind.Eng.Chem.28 (1936) 988
19) S. J.Hitchcock, N.T.Carroll and M.G.Nicholas：J.Materials Sci. 16 (1981) 714-732
20) M.Itoh, K.Kimura, T.Tanaka and M.Musoh：Ashrae Trans. 88 (1982) No.2712
21) M.Itoh, K.Kimura, T.Tanaka and M.Musoh：Hitachi Rev., (1977, 10) 323-326
22) B.J.Keene：International Materials Reviws 33 (1988) 1-37
23) 中江秀雄：軽金属 39 (1989) 136-146
24) G.Lang：ALUMINIUM 49 (1973) 231-238
25) G.Lang：ALUMINIUM 50 (1974) 731-734
26) 中江秀雄：鉄と鋼 84 (1998) 19-24
27) J.A. ten Duis and E. van der Meulen：Philips Technical Rev., 28 (1967) 362-364
28) R.S.Budrys and R.M.Brick：Metallurgical Trans. 2 (1971) 103-111
29) H.Nakae, K.Yamamoto and K.Sato：Materials Trans., JIM 32 (1991) 531-538

30) 電子材料のはんだ付技術 —その科学と技術—：大澤　直著，工業調査会 (1983) 297
31) 中江秀雄，山浦秀樹，篠原　徹，山本一弘，大澤義正：日本金属学会誌 52 (1988) 428-433
32) 中江秀雄，山本一弘，佐藤健二：日本金属学会誌 54 (1990) 839-846
33) Wettability at High Temperatures：N.Eustathopoulos, M.G.Nicholas, B.Drevet Pergamon (1999) 115

# 第7章

# 物質移動・化学反応を伴う濡れ

　濡れの研究は当初，防水加工や接着加工の基礎として行われてきた，と先に記述した．しかし，濡れを金属／金属系，或いはセラミックス／金属系に応用すると，多くの場合に界面で物質移動や化学反応を無視することはできない．例えば，和田ら[1]はロウ材の濡れに関して言及し，野城ら[2]はセラミックス／金属の場合に触れている．これらの系では固体が液体に溶解する現象や，固体と液体の界面に化合物が形成され，実験開始時の固体とは異なる物になっていることが少なくない．この様な濡れの形態を，筆者は物質移動・化学反応を伴う濡れ[3,4]として捕らえており，Eustathopoulosら[5]も同様の表現を用いている．

　この点に関してはAksayら[6]は，静滴法での物質移動・化学反応を伴う濡れのモデルとして，物質移動モデルとして固体が液体に溶解する場合（図7.1）や，固液界面で化学反応が起こり，反応層を形成するモデル（図7.2）などを提案している．しかしこの論文ではモデルの提案に留まり，実際のデータは示されていない．

　図7.1は液体が固体に未飽和で，固体から液体に物質移動（固体の溶解）が生じるモデルで，両者が平衡に達するまで濡れが進行することを示している．ここで$t_0$は滴下直後の物理的には平衡に到達した状態，$t_1$は固体が液体へ溶解途中で，物理的には平衡であるが化学的には非平衡の状態，$t_\infty$は長時間が経過し，固体と液体が飽和した（平衡に到達した）状態を示す．この種の報告にはSharpsらのCu-Ag系[7]や筆者らの研究[8]がある．これらの報告では固体から液体に物質移動がある場合に，S/L/V界面の著しい前進（濡れの進行）が認められることを示している．

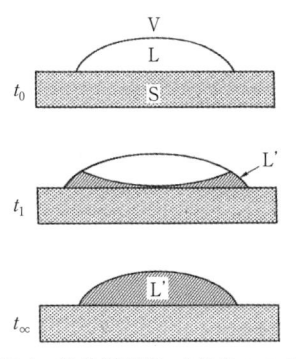

**図 7.1** 液相が固相に未飽和のモデル

　図 7.2 のモデルは固／液界面で固体と液体が反応して反応層を形成する場合で，生成する反応層（斜線で示した部分）と液滴の先端位置関係によって濡れの進行が異なることを示している[6]．$t_0$ は滴下直後の物理的には平衡に到達した状態（化学反応は生じていない），$t_1$ は固相界面に化学反応の結果，反応相が生成し始めた段階で，左図では液相と反応相の先端が同じ位置で，右図では反応相が先行している状態を示す．したがって，固相は不均一で，化学的には非平衡の状態である．$t_\infty$ は長時間が経過し，固体と液体が互いに平衡に到達し（飽和）した段階を示す．この段階では固体と液体は物理的にも，化学的にも平衡が達成されたことになる．固体試料は全て反応生成物になっており，均一相である．

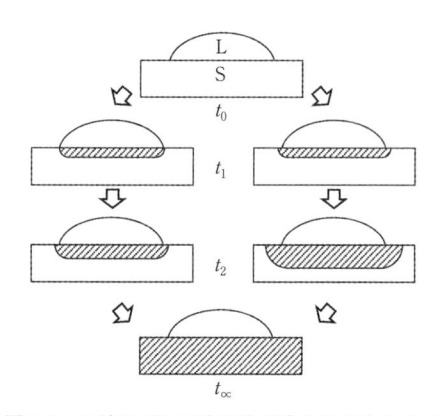

**図 7.2** 固液界面に反応層を形成する場合のモデル

第7章 物質移動・化学反応を伴う濡れ　　　　　　　　　　　　55

## 7.1 Cu/Sn 系での物質移動・化学反応を伴う濡れ

　物質移動・化学反応を伴う例として Cu/Sn 系で話を進める．この系はハンダ付けの代表的な系ともいえる．改良型静滴法（図 6.4）を用いて，300℃で純銅の上に 300℃の純錫を滴下した例を図 7.3，7.4 に示す．ここでは，He-3%$H_2$ 雰囲気，1.05 気圧で行った時の液滴形状の変化をビデオ映像で図 7.3 に示す．液滴の滴下直後から固液界面先端部の形状，すなわち，接触角は殆ど変化がないようにみえる．

　しかし，これらの結果を時間軸を対数目盛とし，接触角の経時変化で図 7.4 に示す．この方法では液滴を落下させているので，滴下後 5 秒程度は液滴が振動しており，動的にも非平衡状態にあるといえる．したがって，図 7.4 では 5 秒以下の測定値は信頼性に欠ける．しかしその後，滴下後 100 秒までは接触角は減少を続け，100 秒でほぼ一定値，すなわち，定常状態に到達しているように見える．

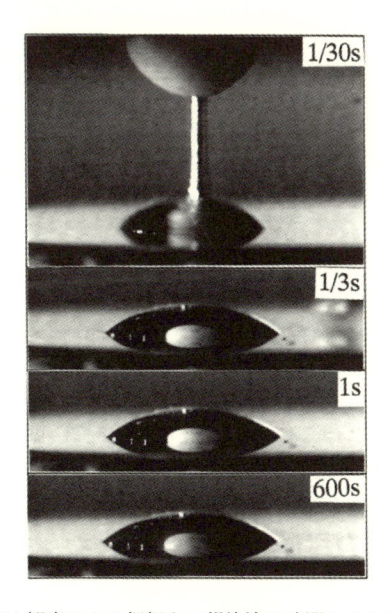

図 7.3　ビデオ観察による銅板上の錫液滴の時間による変化（300℃）

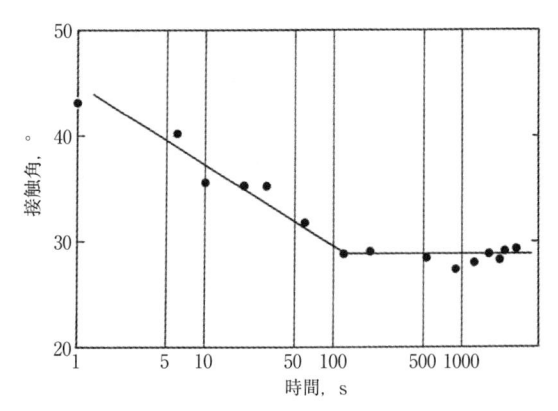

図7.4 300℃でのCu/Sn系での接触角の経時変化

　この状態を少し詳細に検討するために，Cu-Sn系の状態図を図7.5に示す．これより，300℃では溶融Sn中には約3%程度のCuが溶解し飽和する．このCu飽和Sn融液はη相と平衡することが状態図からわかる．しかし，η相はε相と，そしてε相は8%Snを含有したCuと平衡する．すると，滴下後100秒時の接触角はη相と液相Sn-3%Cu合金の見掛けの接触角であることがわかる．しかし，時間と共にη相の厚さは増大するはずで，これは見掛けの平衡値

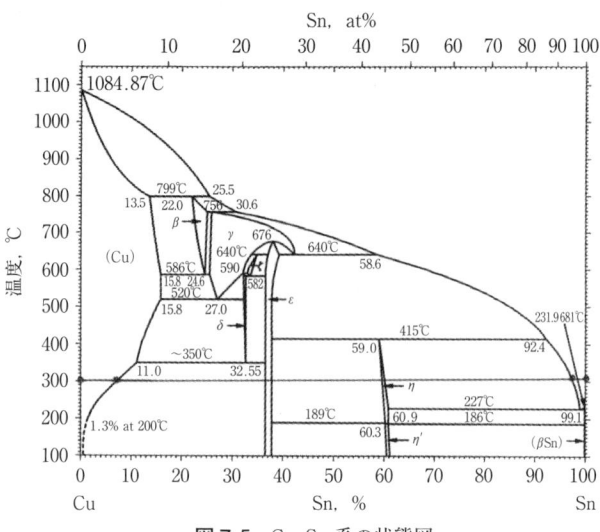

図7.5 Cu-Sn系の状態図

第7章 物質移動・化学反応を伴う濡れ　　57

で，図7.2の$t_1$に相当し，正確には準平衡というべきであろう（この反応は進行中であるので）．固体側を詳細に検討すると，固／液界面は$\eta$相であるが，その下には$\varepsilon$相が，そして更にその下にはCu-8%Sn相が存在し，この相から下に行くほどCu中のSn濃度は低下し，最後は純Cuになっている筈である．$\eta$相以外の相の厚さは極めて薄く，その検出は難しい．したがって，これを準平衡値と表現した．

もしも$\eta$相だけの固相を作製し，300℃でこの上にSn-3%Cu合金液相を滴下すれば，これは真の（固相と液相の）平衡状態にあり，平衡接触角であるといえる．この点に関しては図6.8で少々記述したが，詳細は7.2節でSi/Al系を用い物質移動を伴う濡れを，7.3節ではNi/Al系で化学反応を伴う濡れで記述する．

## 7.2　物質移動を伴う濡れ：Si/Al

Al-Siの状態図からもわかるように，AlへのSiの溶解度は温度の関数であるが，SiへのAlの溶解度はほとんどゼロである．この溶解度線とSiで囲まれた範囲は液相Lと固相Siが共存する範囲で，ここではSiとLは平衡している．先のデータ（図6.9）では如何なる組成のAl合金を用いても，長時間が経過すれば両者は化学的に飽和（平衡）に達し，液相組成は同じになると記述した．しかし，図6.9ではAlの液滴試料中のSi量によって見掛けの平衡接触角は大きく変化し，平衡組成に近いAl-Si合金を滴下するほど接触角は大きくなり，平衡組成を滴下すると接触角は最大値を取り，接触角の時間による変化も殆ど生じていない．これら接触角の変化の状況をビデオ映像で示した．これより，Si上に純Alを滴下した場合には，その拡がり速度が著しいことがわかる（図6.9）．この様に拡がり速が大きいのは，物質移動（溶解）と共に，AlへのSiの希釈熱により固／液界面温度が上昇するためと考えている．詳細は7.3.3項でNi/Al系を用いて記述する．

しかし，Si/Al-Si系で平衡組成の液滴を滴下しても100秒付近で接触角は僅かに低下する（図7.6）ことが知られている．これは，固体Si表面にAlやSrの蒸気が吸着することで，Siの表面張力が変化したためと考えている[9]．また，これらの系では，接触角の経時変化は極めて小さく，100秒以降は平衡接触角

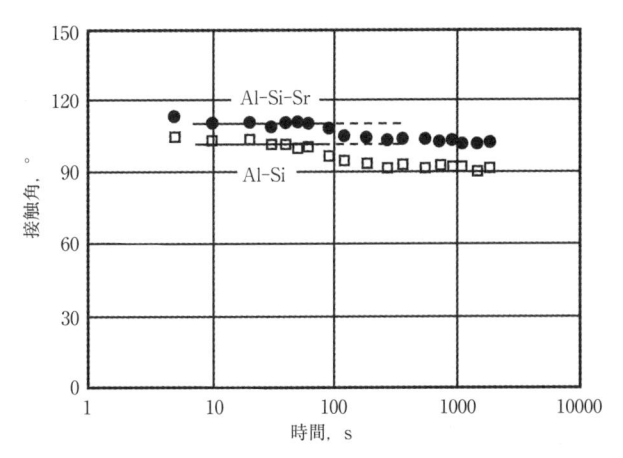

図7.6 平衡組成法での100秒付近での接触角の変化

と見なせる.

　飽和Al-Si合金と未飽和Al-Si合金を滴下し,測定後の試料を切断し,固／液界面の形状を現出した結果を図7.7, 7.8に示す.これより飽和試料を滴下した図7.7では固／液界面は平滑で,物質移動が生じていないことがわかる.これに対して,未飽和試料を滴下すると,図7.8より,Siの液相への溶解によりSi/Al界面が大きく窪んでいることがわかる.この結果は先の図6.11のNaCl/$H_2$O系と全く同じであり,当然のことではあるが,図7.1のモデルでは固体側が大きく窪むのが正しい.

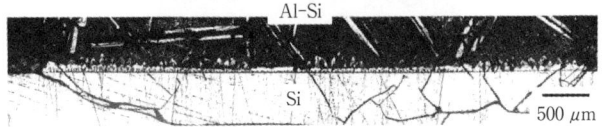

図7.7 Si飽和したAl合金を滴下した際のSi/Al界面の形状（1000℃, 3600℃）

第7章 物質移動・化学反応を伴う濡れ 59

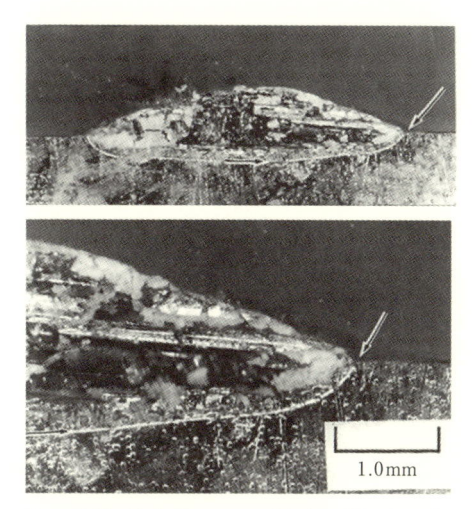

図7.8 純 Al を滴下した際の Si/Al 界面の形状（1000℃, 3600s）

## 7.3 化学反応を伴う濡れ

### 7.3.1 h-BN/Al: 酸素の影響－1

　特異な例を紹介しよう．それはh-BN/Al系での結果[10]である．この例はBNがAlと反応することで固液界面がBNからAlNに変化し，接触角が0°まで低下した特異な例である．図7.9にBN/Al系で濡れ（接触角）の経時変化を示す．この実験では純度99.7%のh-BNと99.99% Alを用い，濡れを改良型静滴法で測定した．図中でⅡは接触角が一定の領域，Ⅲは接触角が低下する領域，Ⅳは接触角が0°で一定となる領域である．ここにはⅠは示されていないが，Ⅰは液滴の滴下による機械的な振動の影響が残る範囲で，物理的な平衡が達成されるまでの過渡領域である．少し厳密に表記すると，ⅡとⅢの境界で化学反応（$BN+Al \rightarrow AlN+B_{in\ Al}$）が開始する．この$B_{in\ Al}$はAl中に溶解しているBを意味し，このB濃度が高くなると液相中に$AlB_2$を生成する．図7.10に接触角測定後の試料の断面組織をEPMAによる面分析した結果で示す．この図より，固／液界面はAlNに変化しているのがわかる．Ⅳは見掛けの平衡状態で，この場合には接触角は0℃になっている．

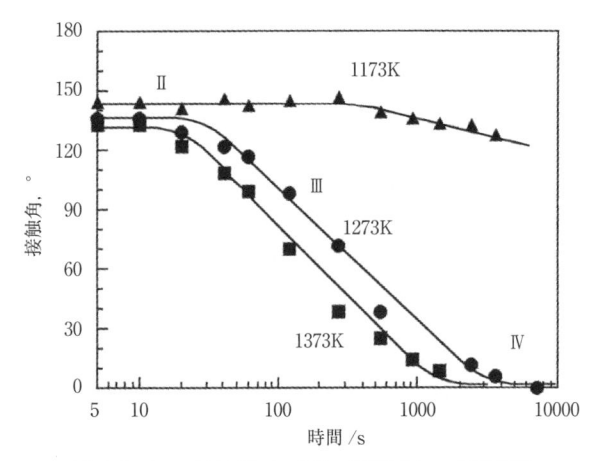

**図 7.9** h-BN/Al 系での濡れ（接触角）の経時変化

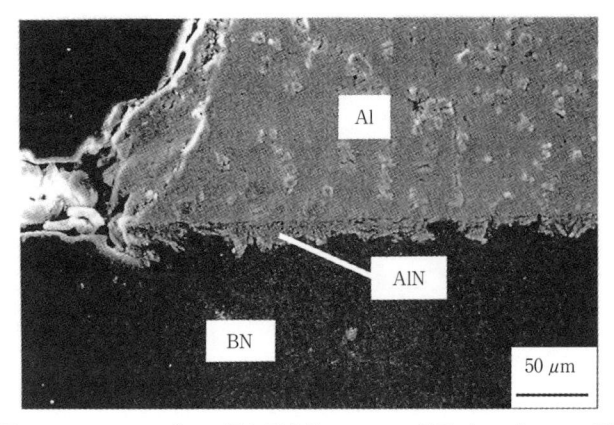

**図 7.10** h-BN/Al 系での濡れ測定後の BN/Al 界面（1100℃，120 秒）

　この化学反応が生じた結果として接触角の低下が生じ，最終的には 0℃になっている．しかし，接触角が 0°になるという報告はこれまでになされていなかったが，真空中では BN ルツボ中を溶融 Al がはい上がる現象が報告[11]されており，この時の接触角は 0°でなければならない．したがって，本結果が正しく，従来から報告されてきた接触角 90〜35°は Al に生成した酸化皮膜により濡れ拡がりが妨げられた結果，と考えるべきであろう．

　それでは何故，接触角は 0°になったのであろうか．次章で詳細に記述する

第7章 物質移動・化学反応を伴う濡れ　　　61

ように，AlN/Al系も濡れが悪く，また，化学反応が開始する以前のBN/Al系の濡れも悪い．それにも拘わらず，BNがAlNに変化することで（図7.10），見掛けの平衡接触角は0°になっている（図7.11）．

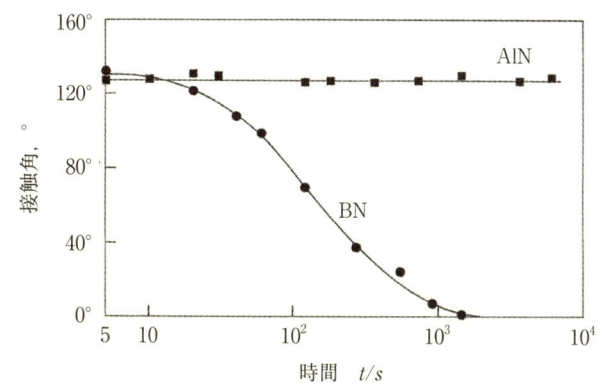

**図7.11**　h-BN/Al, AlN/Al系での接触角の経時変化（1373K）

BNがAlNに変化することで接触角が0°になる機構を，これまでに報告されているBNとAlNの表面エネルギー（正確には表面張力というべきであるが）を参考に，図7.12のように考えている．すなわち，溶融AlとBNが接した面でのみAlNが生成されると，その界面張力バランスが図7.12の下図ようにな

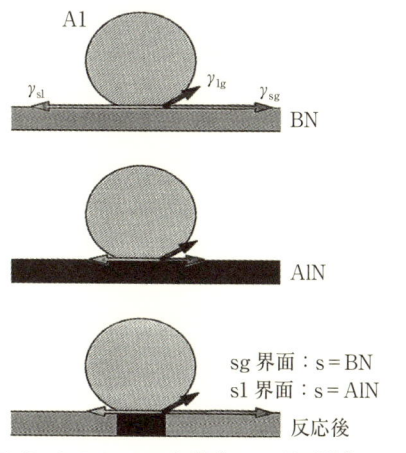

**図7.12**　h-BN, AlNと溶融Alの界面張力の関係

り，3相線（正確にはBN/AlN/Al/Vの4相線になる）では$\gamma_{BN/Al}$よりも$\gamma_{AlN/Al}$が大きく[10]，BN/AlN生成界面の先端を溶融Alが追従し，その結果として拡張濡れが進行し，接触角が0°になると考えた．しかし，酸化皮膜などの存在で溶融Alの濡れ拡がりが妨げられると，AlN界面が先行してしまう．すると，その時点で図7.12の中段の状態（AlN/Alの濡れ）となり，濡れ拡がりは停止し，接触角が0°にはなり得ない．これが酸化の影響であり，従来報告された接触角が0°にならない原因と考える．

これらの詳細モデルとして図7.13の機構を提案している．ここでa)はAl液滴先端部の立体形状で，b)は固/液界面部でのAlNとBNの生成領域を示し，斜線部がAlNの生成域で，残りがBN部である．c)は次の瞬間にAlNが生成した箇所を黒色部で示した．この場所でのAlNの生成により溶融Al先端は引っ張られ，新たな濡れ拡がりを成す，というモデルである．

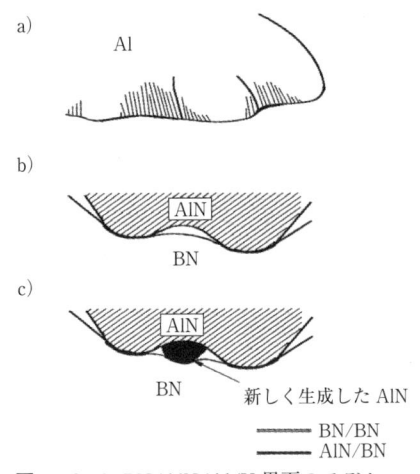

**図7.13** h-BN/AlN/Al/V界面のモデル

このモデルをCassieの複合則（6.6式）に適用すると（7.1）式が得られる．勿論，この場合には面積率から長さ率に変える必要があり，$f_1$は$L_1$で，$f_2$は$L_2$でなければならない．

$$\cos\theta_c = L_1\cos\theta_{AlN/BN} + L_2\cos\theta_{BN/BN} \quad\cdots\cdots(7.1)$$

ここで，$\theta_{AlN/BN}=0°$，$\theta_{BN/BN}=132°$（図7.10より）とすると，図7.14のようにAlN/BN界面長さの拡大により接触角が0°になるというモデルである．

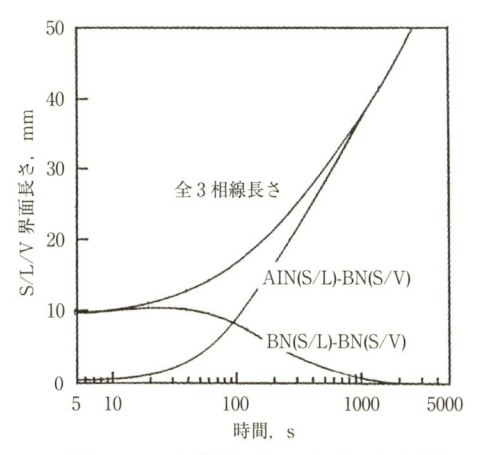

第7章 物質移動・化学反応を伴う濡れ　　　63

図7.14　4相線長さとその比率の経時変化

　図7.13のモデルの妥当性に関しては，その証拠を図7.15のビデオによる観察結果で示す．これらの写真では上から下に向かって時間が経過しており，最上段の映像の矢印は液滴表面の鏡面化で，ヒータの窓が映っている状態を示している．この曲面が図7.13のように局部的に歪むことで矢印部の形状が大き

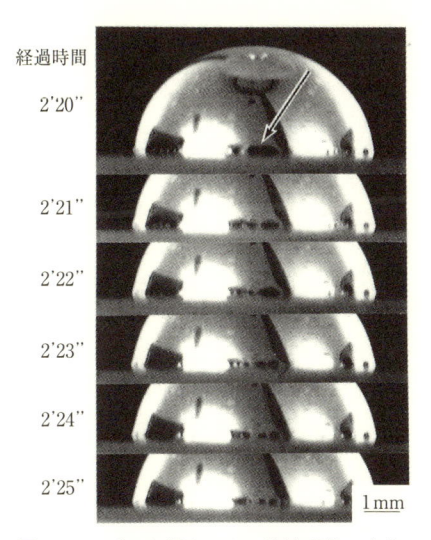

図7.15　ビデオ観察による液滴形状の変化

く変化しているのがわかる．これが先のモデル（図7.13）の妥当性を示す証拠である．

これと同種の実験を純Alの代わりにAl-Si合金を用い1000℃で行うと，図7.16のような結果が得られた[12]．この場合，6% Si試料では接触角は0°に到達しているが，12.6%以上のSi含有量の場合には接触角は20°までしか低下していない．これは濡れ測定中のAlの蒸発により，12.6%以上にSiを含有した試料では，その組成は過共晶となり，晶出した初晶のSiが濡れ拡がりを妨げたことを確認している．したがって，これらの系での見掛けの平衡接触角は20°ということになる．

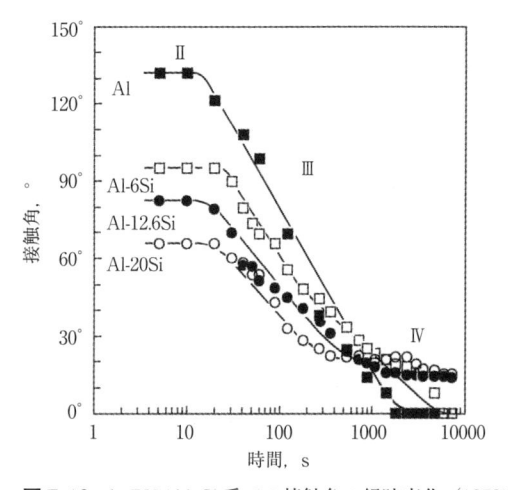

図7.16 h-BN/Al-Si系での接触角の経時変化（1273K）

## 7.3.2 AlN/Al：酸素の影響－2

次に濡れの経時変化が顕著に現れた例として AlN/Al 系の 1100℃ での測定結果[4]を図7.17に示す．ここでAlN-Bは通常品で，焼結助材として$Y_2O_3$を用いており，4.1%Y, 2.0%Oである．これに対して，AlN-Aはこれを高純度化処理し，イットリウムと酸素の含有量を著しく低下させた物で，0.11%Y，0.30%Oである．図から明らかなように，AlN-Aでは接触角の経時変化は全くない．すなわち，この系では化学反応が全く起こらず，IIの状態がそのまま

Ⅳの状態になっている．一方，AlN-B では接触角の経時変化は著しく，120°から 90°まで，Ⅱ→Ⅲ→Ⅳと領域が変化したことがわかる．すなわち，接触角は数百秒後に化学反応により急激に低下し，その後再び一定値を保っている．

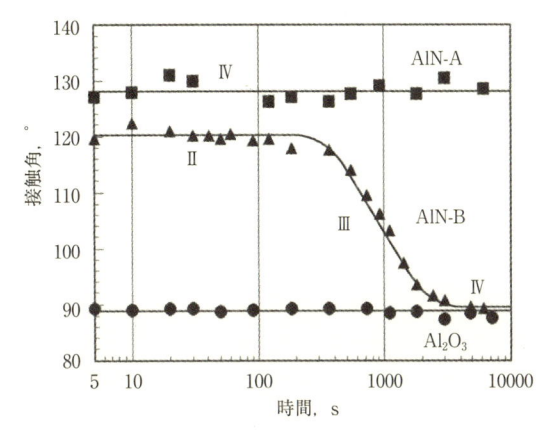

図 7.17　AlN/Al 系の接触角の経時変化

平衡接触角が得られた試料の固/液界面組織を調べたところ，図 7.18 に示すように，AlN-B/Al 系の界面は完全に $Al_2O_3$ で覆われ，それより下方（反応が生じていない領域）では Y と N が存在していることがわかる．すなわち，

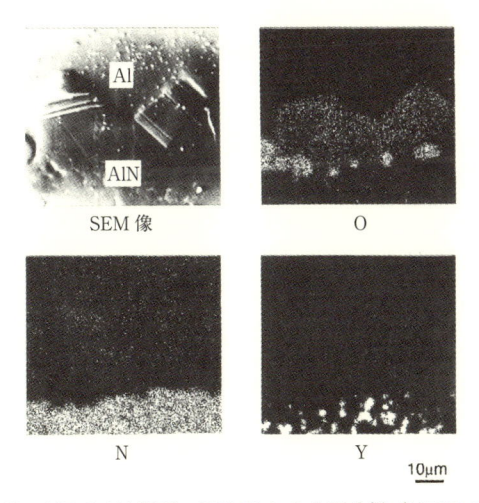

図 7.18　AlN-B/Al 界面の EPMA による面分析（1373K, 7200s）

この位置では反応は生じていないことがわかる．そして，接触角が平衡に達した段階では 90°であり，この値は $Al_2O_3/Al$ 系での接触角に等しい．したがって，これは真の平衡接触角ではなく，見掛けの平衡接触角である（図 7.2, $t_1$）．これは，AlN-B 中の $Y_2O_3$ が Al と反応し，固液界面を $Al_2O_3$ に変え，Y は Al 中に拡散したことが確認された．この系では，測定開始時には AlN/Al であった固液界面が，時間とともに AlN+$Al_2O_3$/Al 系から $Al_2O_3$/Al 系へと変化したことがわかる．Al-N，Al-O 系の状態図では，溶融 Al への酸素や窒素の溶解度は殆どなく，溶融 Al は極微量の酸素と窒素で飽和することが考えられる．

AlN/Al 系での実験結果は，セラミックス中の極微量の不純物元素が濡れに大きく影響することを示している．測定しようとした濡れの系そのものが，実験後には大きく変化し，別の系になっている．したがって，このような場合には，実験終了後に試料を切断し，固液界面部の組織を確認する作業を省くことは危険と言わざるを得ない．

また，高純度の AlN を用いると，溶融 Al との化学反応はなく（正確には，Al 中への N の溶解度が極めて少ないため，すぐに飽和し），極微量の N の溶解で系の平衡が達成されるため，見かけ上は化学反応は起こらず，ⅡからⅣに移行し，Ⅲの状態が検出されないのであろう．

### 7.3.3 Ni/Al, $B_2O_3$/$H_2O$：物質移動と化学反応を伴う濡れ
#### a) Ni/Al

Ni と Al の濡れを論じる前に，これらの状態図を図 7.19 に示す．この状態図には多くの金属間化合物が存在し，測定温度に応じて界面反応生成物質が異なることがわかる．すなわち，800℃では $NiAl_3$ が，900℃では $Ni_2Al_3$ が，そして 1200℃では NiAl が生成する．すると，この系でも Cu/Sn 系と同様に Ni と Al の平衡接触角は存在し得ないことになる．また，これらの金属間化合物の生成は発熱を伴い[13]，Ni と Al によるこれら金属間化合物生成は，燃焼合成法としても著名な系である[14,15]．金属間化合物の生成に関しては[16,17] 9.2.4 項に譲るとして，ここでは化学反応と物質移動を同時に取り上げて，更には平衡接触角に関しても解説を試みる[18,19]．

800℃で Ni 基板の上に純 Al と Al-19%Ni 合金を滴下した後の液滴の形状変

## 第7章 物質移動・化学反応を伴う濡れ

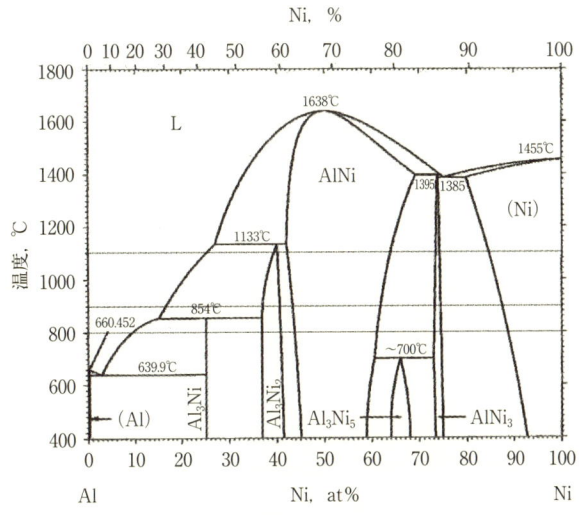

**図7.19** Al-Ni系の状態図と金属化合物，濡れ測定温度の関連

化を図7.20に示す．この時のAl-19%Ni合金は800℃における溶融AlへのNiの溶解度（平衡する濃度）である．これらを比較すると，純Alの場合には極短時間で濡れ拡がっている（濡れ速度が著しく速い）のに対して，Al-19%Ni合金では滴下初期の濡れ拡がりが遅いことがわかる．これらの結果を接触角の経時変化で図7.21に示す．この様な初期の濡れ拡がり速度の相違は長時間側

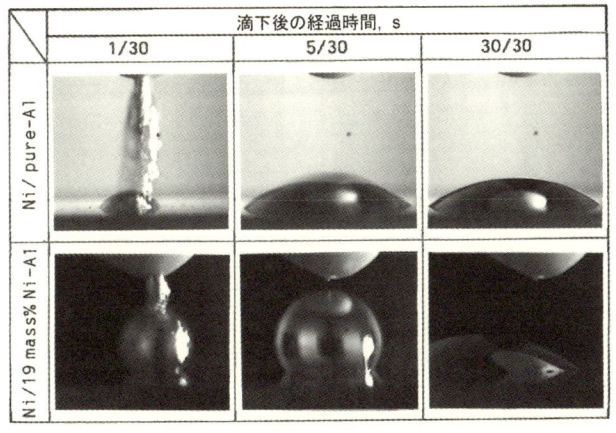

**図7.20** AlとAl-19%NiをNi基板に滴下した後の液滴形状変化（800℃）

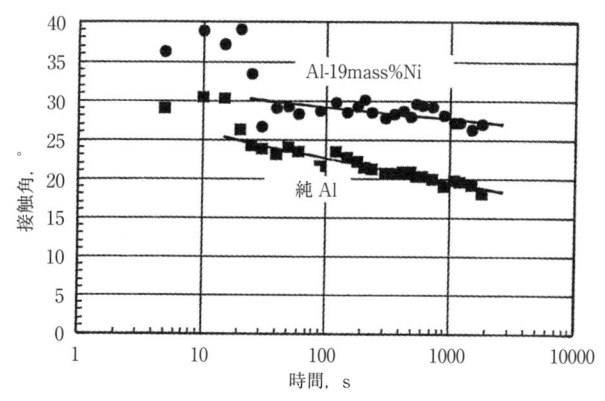

図 7.21 Ni/Al, Al-19%Ni, 800℃での接触角の経時変化

にももたらされていることがわかる．

これまでの経験から，100 秒程度で Al は Ni で飽和しているはずで，しかも数百秒後には Ni 基板の固／液界面は $NiAl_3$ に変化している．したがって，1000 秒後には固／液は化学的には平衡状態に到達している．しかし，厳密には Ni の固／液界部面が $NiAl_3$ に変化しただけで，その下部には Ni が存在し，固相は不均一で平衡状態には達していない．そこで，図 7.21 では，1000 秒以降も接触角は減少し続けており，正確には準平衡というべきであろう．しかし，この接触角の減少には後述のように Al の蒸発による後退接触角化も含まれており，これだけでは厳密な議論はできない．

900℃で Ni 濃度を 30％まで変化させて同様の実験を行った結果を図 7.22 に示す．ここでは液滴滴下直後の接触角をビデオの映像より求めた結果を敢えて記載した．これらの接触角は大きくばらついており，先に記述したように物理的（動的）にも平衡が得られておらず，滴下による液滴の振動の影響を強く受け，これらの値には意味がない，と判断した．また，図 7.21 では 800℃のためか反応が遅く，接触角は長時間にわたり少しずつ低下を続けており，見掛けの平衡も得られていない．これに対して図 7.22 は 900℃での測定結果であり，1000 秒以降では明らかに見掛けの平衡値が得られている．

図中では 100 秒以降は接触角は見掛け上一定値を示しており，平衡状態（Ⅳ）にあるといえる．しかし，厳密には，固体試料は不均一であり，内部に濃度勾配が存在するので，準平衡状態である．そして，これら見掛けの平衡接触角は

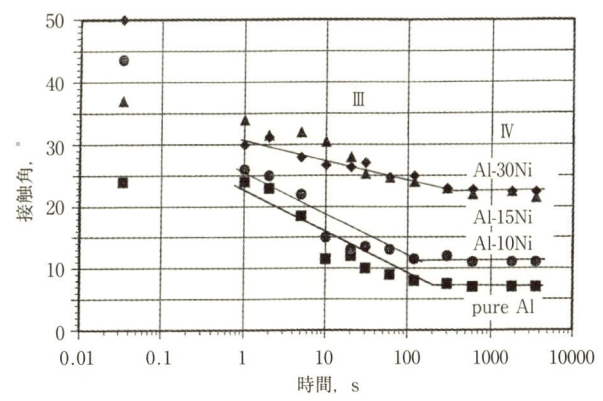

第7章 物質移動・化学反応を伴う濡れ

**図7.22** Niと Al-Ni合金の接触角の経時変化に及ぼすNi含有量の影響（900℃）

滴下 Al合金中の Ni含有量に依存しており，また，接触角の低下速度も同様である．いずれの系も1000秒以降では固／液界面は平衡になっているが，基板は不均一構造である．これは，如何にして濡れ速度を速めるかの1つのヒントでもあると同時に，平衡接触角とは何かという問題を投げかけている．図中にはこれまでの例に倣って濡れの領域をⅢとⅣで記述した．

Ni/Al系を1100℃で濡れの測定を行った試料の断面組織を図7.23に示す．ここで0秒とは，液滴の滴下直後に炉の電源を落とし，冷却させた試料であ

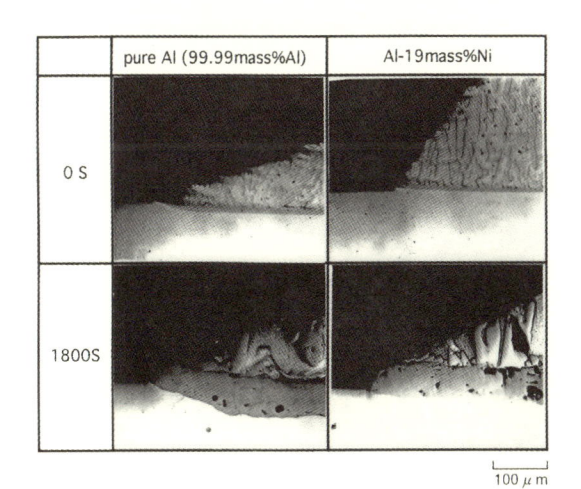

**図7.23** 1100℃でのNi/Al濡れ測定試料の断面組織

る．したがって，本質的には0秒も1800秒も同じ相で構成されている．しかし，純Alを滴下した系ではNi基板が大きく凹んでおり，滴下直後にNiのAlへの溶解（物質移動）が起こり，その後に金属間化合物が形成されたことを示している．

また，このNi/Al-19%Ni試料の固液界面部近傍の断面組織を高倍率で図7.24に示す．ここに存在する各相をX線回折により同定した結果をまとめ，反射電子の組成像で図7.24に示した．この結果は，状態図から推察できる通りで，固液界面には$Ni_2Al_3$が生成されている．また，その厚さは$100\mu m$程度であることがわかる．$Ni_2Al_3$の上の少し黒い部分は$NiAl_3$相で，凝固時に液相から，そして共晶反応で生成したもので，最も黒い部分はAl相である．しかし，この倍率では共晶時に生成した$NiAl_3$相とAl相の識別はできない．また，純Alを滴下した場合には金属間化合物はNi面とほぼ平行で，しかも幾分厚い$Ni_2Al_3$相が得られた．

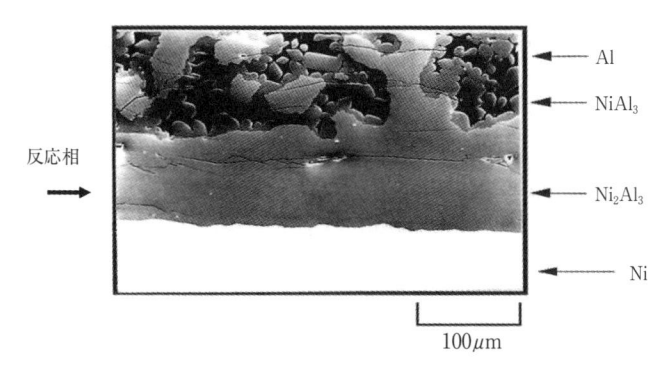

図7.24　図7.23のNi/Al-19%Ni試料の拡大断面組織1100℃，1800s

### b) $Ni_2Al_3$/Al-Ni

これまでの実験結果はNi基板へのAl合金の滴下であった．これらの場合には平衡接触角が得られないことは先に記述した通りである．そこで，900℃で厚い$Ni_2Al_3$相を作製し，これを用いて平衡接触角を求めることを試みた．これらの作製手順は，これまでと同様に改良型静滴法を用い，滴下する純Alの液滴量を増加させ，900℃×900秒で作製した．この試料の研磨面の断面と平面組織を図7.25に示す．これより，$Al_3Ni_2$相の厚さは研磨後で$150\mu m$あり，

第 7 章 物質移動・化学反応を伴う濡れ　　　　　71

十分に測定に供し得るものが作製できた.

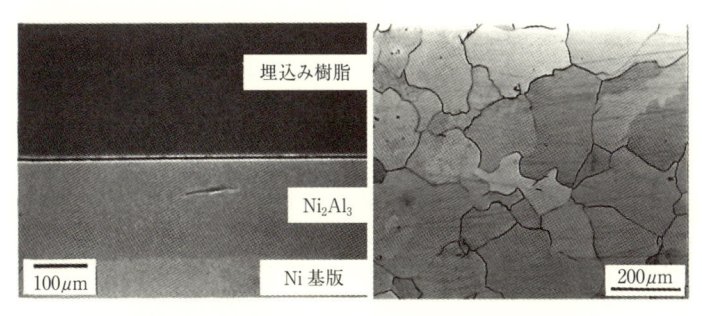

図 7.25　作製した $Ni_2Al_3$ 相の断面及び平面組織

　これらの $Ni_2Al_3$ 試料を用いて 900℃ で Al-30%Ni 合金（900℃ での Ni 飽和試料）と Al-15%Ni 合金を用いて濡れの測定を行った. これらの結果をまとめて図 7.26 に示す. これより, 平衡（正確には前述の通り準平衡）系では滴下直後から接触角の変化はほとんどなく, かつ, 濡れは悪い. これに対して Al-15%Ni では 100 秒後には見掛け上は平衡値に達しているが, 両者の接触角は大きく異なる. これも先の結果と一致している.
　平衡系での濡れ測定後の試料の断面マクロ組織を図 7.27 に示す. これより, 固液界面はほぼ平滑が保たれており, 濡れの測定中に物質移動はほとんど生じていないことがわかる. そして, 液相側はほぼ共晶組織（Al + $NiAl_3$）である.

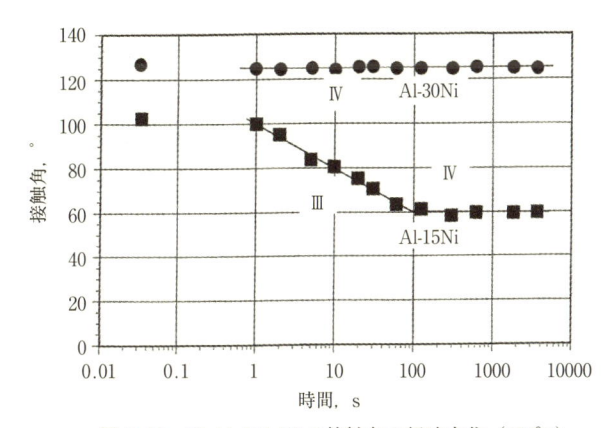

図 7.26　$Ni_2Al_3$/Al-Ni の接触角の経時変化（900℃）

これらのミクロ組織を観察すると，図7.28のように液相部に一部，初晶として晶出したNi$_2$Al$_3$相が幾分明るく観察される．また，Ni$_2$Al$_3$相の断面には冷却時に生成した割れが観察される．すなわち，金属部と金属間化合物部の熱膨張係数の差により，冷却時に金属部の大きな収縮によりNi$_2$Al$_3$相内に生じた割れである．

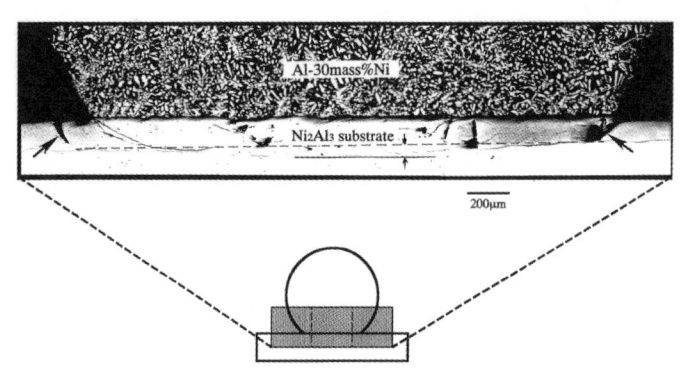

**図7.27** Ni$_2$Al$_3$/Al-30% Ni 試料の固／液界面部のマクロ組織（900℃）

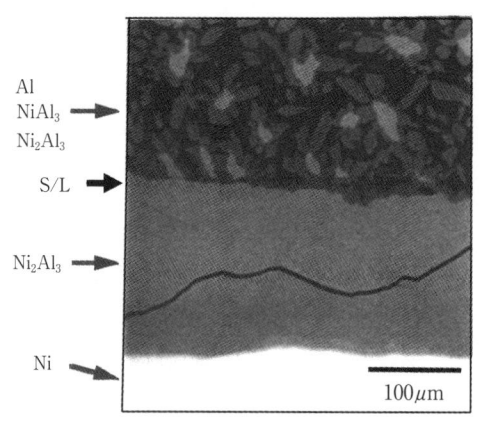

**図7.28** Ni$_2$Al$_3$/Al-30% Ni 試料の固／液界面部のミクロ組織（900℃ 1h）

また，図7.27を良く観察すると，基板試料の中央部でAl$_3$Ni$_2$相が幾分厚くなっており（図中に点線で示した），測定中にAl$_3$Ni$_2$相が成長した結果と考えられる．すなわち，この結果は厳密には準平衡であることの証明でもある．

## c) $B_2O_3/H_2O$

先に物質移動のある系として Si/Al 系と共に $NaCl/H_2O$ 系を 6.3 節で紹介したが,ここでは Ni/Al 系との比較系として,界面反応がある系として $B_2O_3/H_2O$ 系での実験結果を紹介する.試薬の $B_2O_3$ をタンマン管内で溶解・凝固させ,透明な $B_2O_3$ ガラス試料を作成した.また,$B_2O_3$ は水と反応し $B_2O_3 + H_2O = 2B(OH)_2$ の反応で水酸化物を形成するので,化学反応・物質移動を伴う例として採用した[19].$B_2O_3$ は脱湿剤としても用いられ,シリカゲルよりも強力な脱湿剤である.水蒸気分圧を変化させて,室温と 0℃ で相対湿度を変化させて濡れ拡がり直径 $2x$ を求めた.$B_2O_3$ と $B_2O_3$ 飽和水溶液との濡れを室温で求めた結果を図 7.29 に実験結果を示す.これより,平衡水蒸気分圧と考えられる相対湿度 0% で,最も $2x$ が小さい(接触角は最大).しかし,この系の平衡系は $B(OH)_2/B_2O_3$ 飽和水溶液の系であるが,この試料では多孔質の $B(OH)_2$ しか作製できず,水溶液がこの孔中に浸透し,真の平衡接触角は得られなかった.

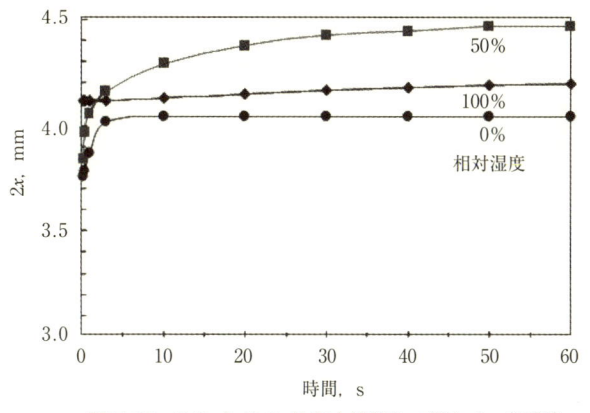

**図 7.29** $B_2O_3$ と $B_2O_3$ 飽和水溶液との濡れ $2x$ (20℃)

$B_2O_3$ と純水,$B_2O_3$ 飽和水溶液との濡れ測定試料(20℃ と 0℃ で,相対湿度 0% で測定)は,測定後に基板上の水滴を吹き飛ばし,固体試料の形状変化を,表面粗さ計により測定した結果を図 7.30 に示す.これより,純水の方が $B(OH)_2$ の生成による固体側の盛り上がりが少ないのは,$B_2O_3$ の純水への溶解によるものである.また,純水系での固体外周部の突起は水の蒸発により,

B(OH)$_2$の晶出が促進されたものと考える．これらの結果は先に記述した図7.23，1100℃でのNi/Al濡れ測定試料の断面組織と極めて類似していることがわかる．

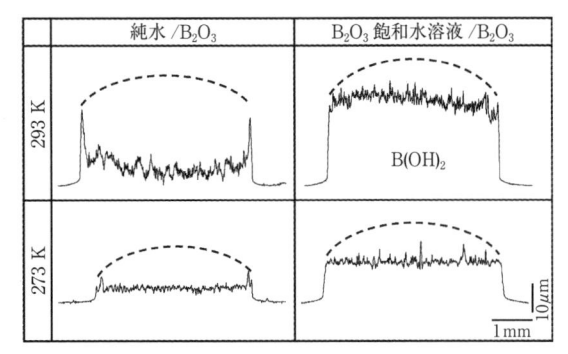

図7.30 B$_2$O$_3$と純水，B$_2$O$_3$飽和水溶液との濡れ試料の断面形状

これとまったく同じ実験を，光学機器用のB$_2$O$_3$ガラスを用い，その表面にB(OH)$_2$を作成し，実験を試みた．この場合には緻密なB(OH)$_2$が得られ，図7.26, 27とまったく同じで，接触角の経時変化がないことを確認した．すなわち，固/液界面は平滑で，接触角は最大，しかも，その経時変化は生じていない．

## 7.4 MgO/Al系による濡れの進行過程の検討

### 7.4.1 接触角の経時変化

ここではMgO中の不純物により濡れの系そのものが変化する現象や，この系での主要反応性生物であるMgO・Al$_2$O$_3$相の成長速度，および前進，後退，平衡接触角等に関して記述する．

この実験では不純物含有量の異なる三種類のMgO（化学組成を表7.1に示す）を用いてMgOとAlの濡れを，3% H$_2$-He，1.05気圧雰囲気下で測定した．MgO-Aは比較的不純物を多く含んだ多結晶品で，MgO-Bは高純度の多結晶品，MgO-Cは単結晶品である．

先に図6.6で記述したMgO-A/Al系での試料（1050℃で10.8ks保持試料）

第7章 物質移動・化学反応を伴う濡れ　　　　　　　　　　　　　　75

の反応生成物（MgO・$Al_2O_3$）の形状を図7.31に示す[9,10]．これより，固／液界面の固体側は MgO ではなくなり，これと異なる反応相が形成されているのがわかる．これは主として MgO・$Al_2O_3$ である．また，この反応相の先端は液体よりも前方にあり，図7.2の右側のモデルに該当することがわかる．

表7.1　実験に用いた3種類の MgO の化学組成

| 試料記号 | MgO | $SiO_2$ | CaO | $Fe_2O_3$ | $Al_2O_3$ |
|---|---|---|---|---|---|
| A | 96.85 | 1.71 | 0.83 | 0.05 | 0.03 |
| B | 99.7 | 0.05 | tr. | tr. | 0.03 |
| C* | 99.9 | tr. | tr. | tr. | tr. |

*C：単結晶品

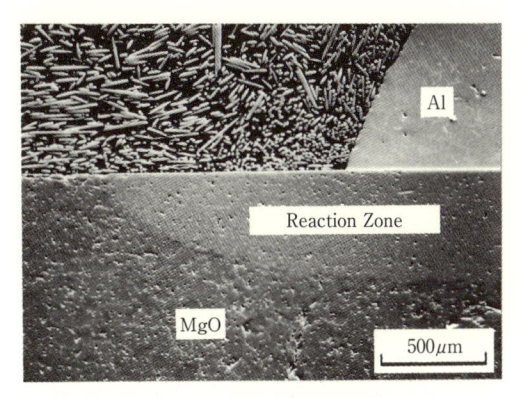

図7.31　MgO-A/Al 系の濡れ測定後の固液界面の組織写真

　MgO-A と MgO-B のミクロ組織を図7.32に示す．これより，MgO-A は結晶粒界に第2の相が存在し，ここには Si と Ca が濃化（図7.33）しており，多くの気孔が主として結晶粒界に存在する．一方，MgO-B は結晶粒界に他相は認められず，僅かの気孔が結晶粒界と粒内に存在する．ほぼ均一な MgO といえる．

　MgO-A を用いた濡れの測定結果を，接触角の経時変化で図6.5に示した．この図では，時間軸を通常の目盛りと，対数目盛で示した．従来の研究では図6.5のように通常の時間軸で接触角の経時変化を表しており，平衡状態を誤って解釈した結果が多い．例えば，1100℃では平衡接触角が得られた，と記述さ

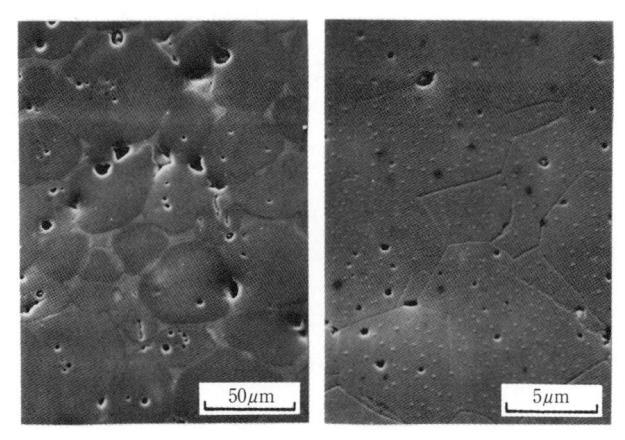

図7.32 MgO-A と MgO-B のミクロ組織

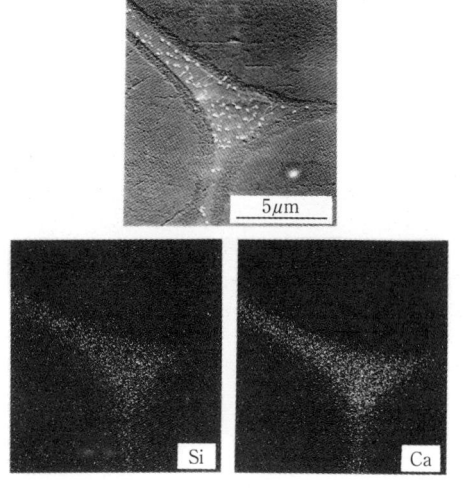

図7.33 MgO-A の結晶粒界での Si と Ca の偏析

れている．そこで，著者らの濡れに関する報告は殆どの場合に時間軸に対数目盛を採用してきた．

接触角の経時変化を MgO-A と MgO-B の比較で図 7.34 に，また MgO-B と MgO-C の比較で図 7.35 に示す．これより，領域Ⅱでは MgO-C，MgO-B，MgO-A の順で接触角は大きいこと，すなわち濡れ難いことがわかる．一方で領域Ⅱから Ⅲ へ変化する時間はこれとは逆に MgO-C，MgO-B，MgO-A の順

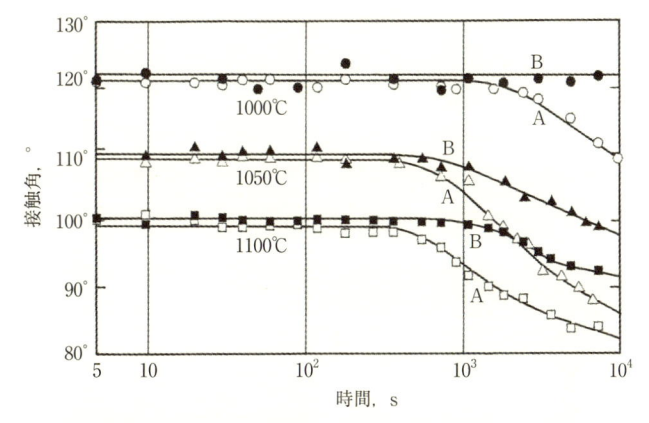

図 7.34 MgO-A, MgO-B の接触角の経時変化の比較

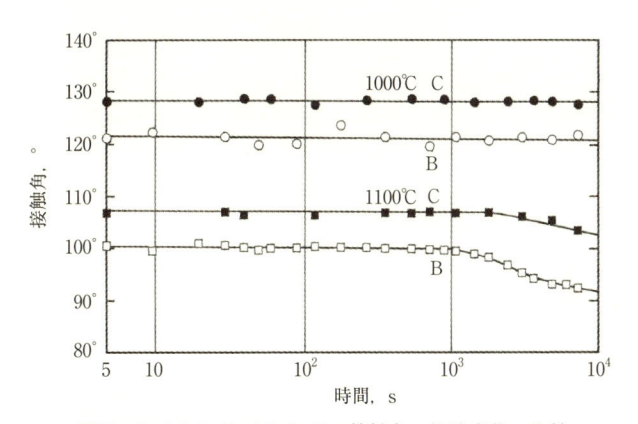

図 7.35 MgO-B, MgO-C の接触角の経時変化の比較

で遅くなることがわかる．これらは試料の純度と結晶粒界による反応生成物の影響である．詳細は次章で記述する．

## 7.4.2 反応生成物と反応速度

MgO-A の試料を 900℃ で 10800 秒保持後の試料の固液界面の切断面を調査した結果を図 7.36 に示す．この試料では（図 6.5）10800 秒保持後も接触角は殆ど変化していない．したがって，接触角の経時変化からは界面反応が開始したか否かは不明である．しかし，図 7.36 を見ると，界面から $25\mu m$ 程度は，

不均一ではあるが反応生成物（MgO・Al$_2$O$_3$）が形成されており，一部に未反応部も認められる．そして，未反応部には MgO と Ca が検出される．これは測定に使用した試料中の MgO と Ca である．

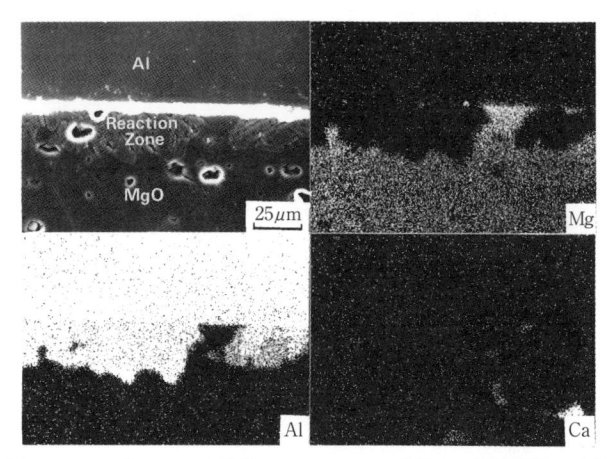

図 7.36　900℃，10800 秒後の MgO-A/Al 試料の固液界面部の分析

これに対して，1150℃，10800 秒後の試料（図 7.31）では反応相が極めて厚い．しかし，この写真では倍率が低いので，界面部の詳細がわからない．そこで固／液界面部の高倍率組織を図 7.37 に，そして反応相下部の未反応部との境界部組織を図 7.38 に示す．図 7.37 から，固／液界面部には Ca と Al が存

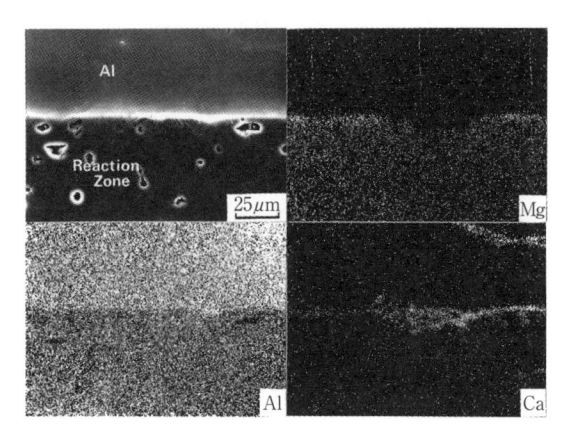

図 7.37　反応相―1（1050℃，10800 秒後の MgO-A/Al 試料の固液界面部の分析）

在し，Mgは殆ど存在しないこと，これとX線回折の結果を合わせると，この部分はCaO・Al₂O₃であることが判明している．その下部ではMgとAl, Oが同定され，これはMgO・Al₂O₃である．

反応相と未反応相の境界部の分析（図7.38）では，最下部にはCaが認められ，この状態は図7.37に良く似ている．そして，それより上部ではAlがMgOの結晶粒界（図7.32, 33参照）を浸透していることがわかる．これは典型的な粒界拡散のパターンで，不純物が多く存在する粒界は拡散の高速道路化し，これが粒内に及んで，反応速度を速めた，と考えられる．

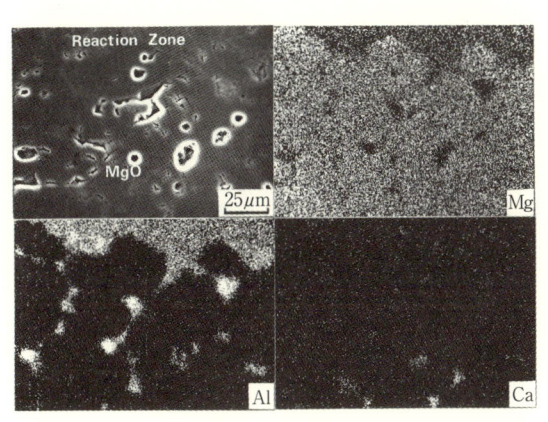

**図7.38** 反応相—2（1050℃，10800秒後のMgO-A/Al試料の反応相／未反応相部の分析）

単結晶 MgO-C/Al の1100℃ 7200秒後の試料の3相線近傍の固液界面部の分析結果を図7.39に示す．反応相の形は図7.31と類似しているが，極めて薄く，ここにはAlとOのみが検出され，Mgは検出できてない．この部分をX線回折で調査した結果，反応相は$\alpha\text{-}Al_2O_3$であることが判明している．この結果は先の2例とは全く異なることがわかる．

これら一連の実験結果をまとめて固液界面部の組織をモデル的に図7.40に示す．MgO-AとMgO-Bの相違は不純物と結晶粒界組織である．一方，MgO-Cは単結晶であり，MgO-Bとの間に大きな化学組成の相違はなく，両者の相違は結晶粒界の有無にある．すなわち，粒界拡散による界面反応の促進がMgO-Bでは生じた結果，反応相は厚くなり，MgO-Cでは反応は体積拡散でのみ進行するため，その相は薄くなったものと解釈できる．

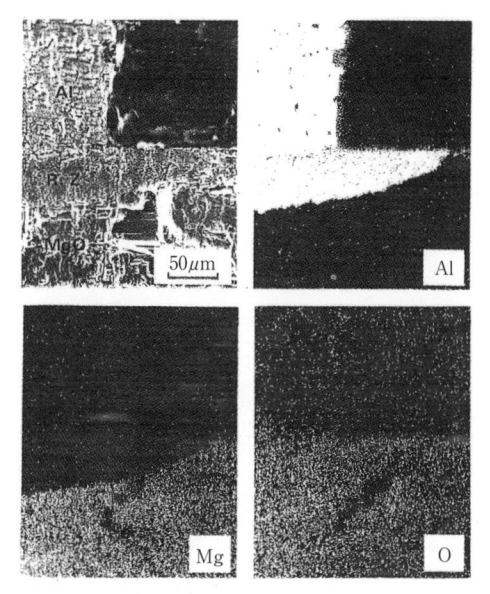

図7.39 MgO-C/Al試料の3相線近傍の断面組織 1100℃ 2h

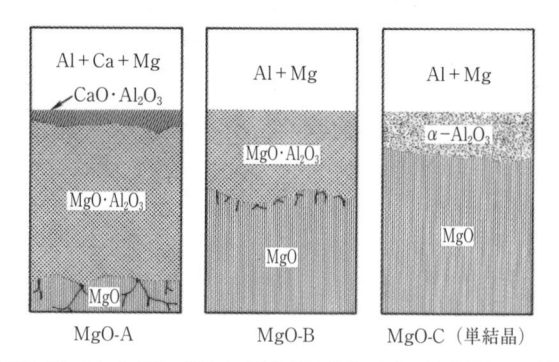

図7.40 MgO/Alの濡れに対する不純物元素,結晶粒界の影響

　これらの結果より,それぞれ3種類のMgOで僅かの不純物元素量の相違により界面反応生成物が全く異なることが判明した.また,液相の組成もこれに応じて変化していることなどがわかる.勿論のこと,図7.40のような相違が認められたのは固/液界面で化学反応が生じた結果であり,濡れ(接触角)の経時変化もそれぞれの系で異なっている.

　これらの結果は,液滴の滴下直後はMgO/Al系での測定を行っているが,

時間の経過と共に測定された系はそれぞれに異なったことを示している．すなわち，

　MgO-A/Al 系では，固/液界面は CaO・$Al_2O_3$/Al + Ca + Mg に変化しており，粒界拡散により，反応相は極めて厚い．

　MgO-B/Al 系では，MgO・$Al_2O_3$/Al + Mg，反応相厚さは中間

　MgO-C/Al 系では，$Al_2O_3$/Al + Mg で，反応相は最も薄い

などの点が確認できた．ここで，Mg と Ca は Al に溶解している Mg と Ca を指す．また，MgO-C で界面部が $Al_2O_3$ になったのは，界面反応の進行が遅いため，溶融 Al 中の Mg 含有量が少なく，MgO・$Al_2O_3$ よりも $Al_2O_3$ が安定になった結果と考える．これは反応速度に依存したのであろう．これらの結果は，実験当初の測定系 MgO/Al 系が濡れの測定で全く異なった固/液界面が得られたことになり，濡れ測定結果の解釈には，十分な注意が必要である．

### 7.4.3　前進，後退，平衡接触角

　以上の実験では，これまでは接触角の経時変化を反応生成物との関連で記述してきた．しかし，長時間の測定は Al の蒸発による体積収縮が生じ，その結果として**後退接触角**となり，接触角が低下することも考慮しなければならない．そこで，図 6.7 に手を加え，領域Ⅲの新しいモデルを図 7.41 に示す．ここでⅢ-1 の**前進接触角**ではⓐからⓑに，接触長さは $2xa$ から $2xb$ に拡張（前進）し，この間に体積変化がなければ，接触角は $\theta_a$ から $\theta_b$ に低下する．Ⅲ-2 ではⓑからⓒに変化し，接触長さは変化しないが接触角だけが減少する状態である．これは液滴の蒸発や固相との反応での液滴の体積減少が接触角の低下をもたらす現象で，後退接触角になる．勿論，前進接触角の方が後退接触角よりも大きい．この図ではⅢの領域に新たにⅢ-3 とⅢ-4 を加えた．これはⅢの領域で $2x$ が減少する領域である．ⓒからⓓは接触角が一定で $2x$ が減少する過程である．この状態が更に進行すると，最終的には液滴は消滅し，接触角は 0° になるであろう．

　MgO-A の濡れに対する保持時間の影響を図 7.42 に示す．ここでは MgO-A/Al 系での濡れの測定結果を，接触角と同時に接触長さ $2x$ を測定した結果で示した．これより，領域Ⅲ，すなわち，化学反応による接触角の低下域を取り上げる．900℃ では接触角，接触長さ共に変化は認められない．これに対して，

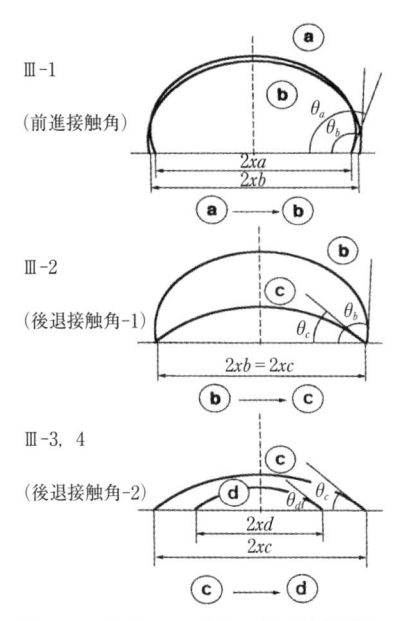

図7.41 領域Ⅲでの濡れの進行と接触角の変化モデル

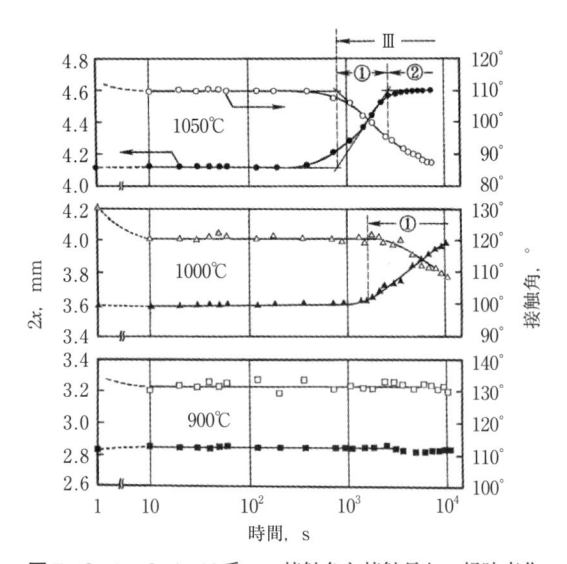

図7.42 MgO-A/Al系での接触角と接触長さの経時変化

1000℃では①(前進接触角の過程)のみが確認される.

1050℃では領域Ⅲに,接触長さ($2x$)が増大する領域①(Ⅲ-1)が示されている.これより,Ⅲ-1の前進接触角では図7.41でⓐからⓑに,接触長さは$2xa$から$2xb$に拡張(前進)し,この間に体積変化がなければ,接触角は$\theta_a$から$\theta_b$に低下する.これが3相線の拡張に伴う接触角の低下で,前進接触角になる.しかし,$2x$がほぼ一定に留まる領域②(Ⅲ-2)も存在することがわかる.これは図7.41でのⓑからⓒに相当し,ここでは接触角が一定で$2x$が減少する過程がある.この状態が更に進行すると,最終的には液滴は消滅し($2x=0$),接触角は0°になるであろう.これが図7.41でのⅢ-3,4に相当する.

ものづくりでは,生産性を高める意味で前進接触角や速い濡れ速度が求められ,理論的な取り扱いでは平衡接触角が重要である.しかし,多くの論文ではこれらの区別がなされておらず,データの収集には注意が必要である.MgO-AとMgO-Bを用いてこれらの検討を行った例を,1100℃のデータで図7.43に示す.

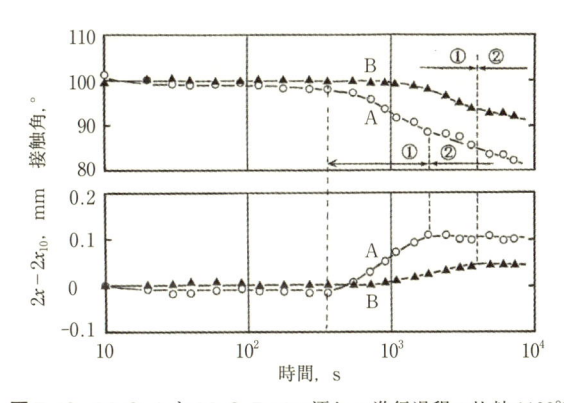

図7.43 MgO-AとMgO-Bでの濡れの進行過程の比較 1100℃

この場合には,特にMgO-Bでは$2x$の変化量が余りに少ないので,たて軸は滴下後10秒での接触長さ$2x_{10}$を基準として,各時点での接触長さ$2x$との差($2x-2x_{10}$)で示した.これより,当然のことではあるが,MgO-Bでは接触角の低下も,接触長さの増大もMgO-Aよりもずっと少ないことがわかる.

これらの図を良く見ると,前進接触角の領域①と後退接触角の領域②が示さ

れており、この中間に平衡接触角が存在すると考えられる。接触角の評価に後退接触角を用いると、その値が小さくなり過ぎ、或いは接触角を過小評価してしまうので危険である。したがって、前進接触角の評価には $\theta$ と $2x$ を同時に用いるべきで、

$$d\theta/dt < 0 \text{ で、かつ } dx/dt > 0$$

の条件下で接触角を評価することを提案してきた[10, 20, 21]。

極めて長時間、濡れの測定を行うと、液滴が蒸発などで消滅することがある。これらの過程の接触角と接触長さの経時変化をモデル的に図7.41に示した。

この様な実験をMgO-A/Al系で、1100℃では液滴が蒸発により完全になくなるまで、長時間にわたって濡れ測定を行うと、図7.44が得られた。ここでは、接触長さも接触角も減少を続ける領域Ⅲ-3と、接触角を一定に保ちながら $2x$ を減少させる領域Ⅲ-4に区別した。最終的には、液滴が完全に蒸発することで接触角はゼロになる。この場合に、対数時間軸ではⅢ-4の領域を明確に示せないので、この場合には通常の時間目盛を採用する方がよい（下図）。

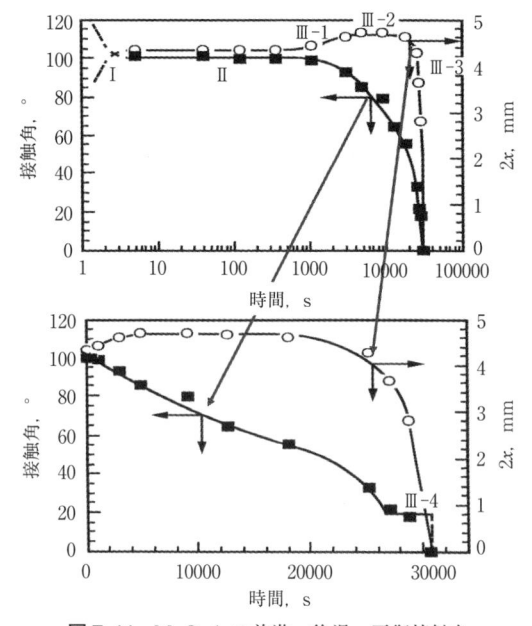

図7.44 MgO-Aの前進、後退、平衡接触角

ここで，III-1 と III-2 の境界が MgO-A/Al の見掛けの平衡接触角であり，実際には CaO・$Al_2O_3$/Al+(Ca+Mg) 系の平衡接触角となる．

## 7.5 アルミニウム液滴の酸化皮膜について

Al は酸素と結びつき易く，酸化皮膜（$Al_2O_3$）の除去には $10^{-30}$Pa 以下の酸素分圧が必要で，殆どの雰囲気では酸化されてしまうと考えられてきた．しかし，筆者らは図 7.45 に示すように[10, 12]，測定中に酸化皮膜（$Al_2O_3$）が還元されて消失する現象を認めた．これは $4Al + Al_2O_3 = 3Al_2O$ の化学反応により $Al_2O_3$ が分解・消失する現象である．この際の $Al_2O$ の分圧，$P_{Al2O}$ は $10^{-2} \sim 10^{-4}$Pa であり，図 7.46 のように，溶融 Al が完全には酸化皮膜で覆われていなければ，$Al_2O_3$ と溶融 Al の界面で $Al_2O$ を生成し，時間と共に酸化皮膜が除去されることを明らかにした．

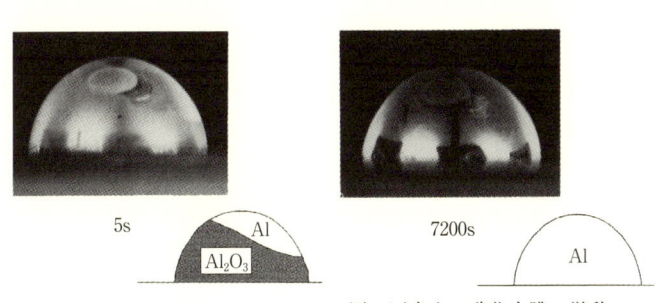

**図 7.45** 1173K での MgO-A/Al 濡れ測定中の酸化皮膜の挙動．

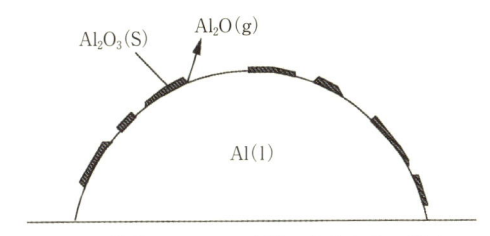

**図 7.46** Al 液滴上の $Al_2O_3$ 皮膜の存在とその還元モデル

この条件を簡便に満たすには，改良型静滴法で試料滴下時に酸化皮膜を機械的に除去していること，測定炉内の酸素分圧が十分に（$10^{-4}$Pa 程度に）低い

ことが重要である．一方で，$10^{-30}$Pa の意味合いを考えてみる．本測定装置の内容積は 30 リットル程度であり，ガスの容量では 1 モル程度にしかならない．これは，測定容器内の全ガス分子数は $10^{23}$ 程度であることを意味する．したがって，$10^{-30}$Pa という数値はあくまでも平衡分圧であり，測定本装置内に 1 個の酸素ガスが存在すれば $10^{-23}$ 程度になり，この測定系では $10^{-23}$ 以下はゼロということになり，$10^{-30}$Pa は考え難い．また，本実験は 1.05 気圧という，大気圧よりも少し高い圧力を用い，大気からの酸素などのガスが炉内へ浸入することを防止したこと，導入ガスに He+3%H$_2$ を用い，これを Ti 炉による脱酸と液体窒素による除湿を併用したことで，これらの条件を満たし，Al$_2$O$_3$ の Al による還元（Al$_2$O の生成）をもたらしたものと考えている．

## 7.6 まとめ

これらの実験結果[8, 10]を通じて，改良型静滴法により，濡れには 4 つの過程が存在することを明らかにした．すなわち，

領域 - Ⅰ：液滴の滴下後に物理的なエネルギーの平衡が達成されるまでの動的遷移過程

領域 - Ⅱ：物理的なエネルギーの釣合いは保たれるが，化学的には非平衡な過程

領域 - Ⅲ：界面反応の進行に伴う濡れの進行過程．物理的には平衡状態にあるが，化学的には非平衡な状態

領域 - Ⅳ：物理的・化学的に平衡が達成された過程．平衡状態

である．しかし図 7.42 や 7.43 には領域 - Ⅰ は示されていない．それは，改良型静滴法では液滴を固体基板上に滴下しているため，滴下後の 5 秒程度は物理的（動的・機械的）な平衡ではないことによる．すなわち，液滴は振動を続けているので，測定時間により，その測定値は大きく変化する．そして，落下の運動エネルギーがゼロになった（液滴が静止した）時点からが領域 - Ⅱ になる．この様に，4 つの領域は液滴を固体基板の上に滴下する改良型静滴法[20]を用いることで初めて明らかにされた．すなわち，従来のように，固体基板の上に金属試料を置き，これを溶融する手法での濡れ測定では，領域 - Ⅰ と Ⅱ は測定不可能であり，このような結果を導くことはできない．また，液滴試料が滴下

直前まで滴下管内に存在するため,基板試料の液滴による汚染(表面の改質)がないこともこの実験法の特徴である.例えば,図7.6の平衡組成法での100秒付近での接触角の変化は,液滴からのAlやSrの蒸発によるSi表面の汚染が主因と考えている.

著者らは最近,Ni/Al系や,Si/Al系を用いて濡れ速度に及ぼす界面発熱の影響も検討してきた.これによると,固液界面での発熱(生成熱と溶解熱)は濡れ速度を著しく加速することを認めている[22,23].これからは濡れ速度の促進に固液界面での発熱反応を利用することも重要であることを示している.

## 参 考 文 献

1) 和田次康,福本 保:溶接学会誌 37 (1968) 845-851
2) 野城 清,大石恵一郎,荻野和己:日本金属学会誌 52 (1988) 72-78
3) H.Nakae, H.Fujii, and K.Sato:Mater.Trans. JIM 33 (1992) 400
4) H.Fujii, H.Nakae, and K.Okada:Met.Trans.A 24A (1993) 1391
5) L.Espi , B.Drevet, and N.Eustathpoulos:Met.Trans.A 25A (1994) 599
6) I.A.Aksay, C.E.Hogan and J.A.Pask:Surfaces and Interfaces of Glass and Ceramics, Materials Science Research 7 (1973) 299
7) P.R.Sharps, A.P.Tomsia and J.A.Pask:Acta Metallurgica 29 (1981) 855
8) 中江秀雄:鉄と鋼 84 (1998) 19-24
9) 中江秀雄,加藤弘之:日本金属学会誌 63 (1999) 1356-1362
10) H.Fujii, H.Nakae and K.Okada:Acta metall.matter 41 (1993) 2963
11) J.C.Meaders and M.D.Carithers:Rev.Sci.Inst.37 (1955) 612
12) 朴 相俊,藤井英俊,中江秀雄:日本金属学会誌 58 (1994) 208
13) W.Oelsen und W.Middel:Eisenforsh. 19 (1937) 125
14) A.Bose, B.H.Rabin, R.M.German:Poder Mettalurgy Inter'l:20 (1988) No.3, 25-30
15) 日比野 敦:粉体および粉末冶金:43 (1996) 1208-1214
16) H.Nakae, H.Fujii, K.Nakajima and A.Goto:PM'94 (1994) 2209
17) H.Nakae, H.Fujii, K.Nakajima and A.Goto:Materials Sci. and Eng. A A223 (1997) 21-28

18) H.Nakae, T.Hane and T.Sudo：Trans. JWRI, 30 (2001) 27-32
19) H.Nakae, Y.Koizumi：Materials Sci. and Eng. A A495 (2008) 113-118
20) 吉見直人，中江秀雄，藤井英俊：日本金属学会誌 52 (1988) 1179-1186
21) N.Yoshimi, H.Nakae and H.Fujii：Mater. Trans. JIM 31 (1990) 141-147
22) H.Nakae and A.Goto：Proc. HTC (1997) 12-17
23) H.Nakae, T.Hane and T.Sudo：Proc. HTC (2000) 38-39

第**8**章

# 接合・接着と鋳造

## 8.1 接合・接着

　濡れの初期は接合・接着，防水加工の基礎学問として研究されてきた，と先に記述した．そこで，この章では接合と接着に焦点を当てることとする．**接合** (joining, bonding) と**接着** (adhering, bonding) は[1]，前者は金属と金属を継ぎ合わせる冶金的な手法で，**半田付け**，**ロウ付け**，拡散接合などを含む．時にはセラミックスと金属，セラミックスとセラミックスの結合も含み，広義には溶接も含まれる．これに対して接着とは，同種あるいは異種の2つの固体を冶金的手法を用いることなく接合する方法を言う．通常は有機物，或いは無機物を用いての接合になる．これを接着材と称している．いずれにしても，両者共に多くの場合には液状の物質を用いての接合・接着になる．

　物質を液体で接合するには（液体が後に固体になってもよい），少なくとも液体が固体に付着する（濡れる）ことが不可欠である．勿論この範疇には，ロウ付け，半田付け，有機接着剤などが含まれる．接合に濡れが不可欠なことは上記の通りである．しかし接合は通常は2つの固体を接合するので，図8.1a)のモデルで考えてみる方が都合がよい[2]．図中で点aから点bまで，2枚の固体平板の間（固体の穴でもよい）を液体が浸入するとしよう．この場合，S/V界面がS/L界面に変化することにより，生じる界面エネルギーの変化は$(\sigma_{SV} - \sigma_{SL})$で表されてきた．しかし，これも濡れの範疇に入るので，ここでは$(\gamma_{SV} - \gamma_{SL})$で表す．そこで，$\gamma_{SV}$が$\gamma_{SL}$よりも大きいと，全エネルギーを下げるため，液体が固体中に浸入し，界面がS/VからS/Lに変化する．これには，(3.1)

式では $\cos\theta$ はプラスの値を取り，$\theta$ は 90°以下でなければならない．またこのような濡れの形態を**浸せき濡れ**，その仕事を**浸せき濡れ仕事** $W_i$ という（表5.1）．

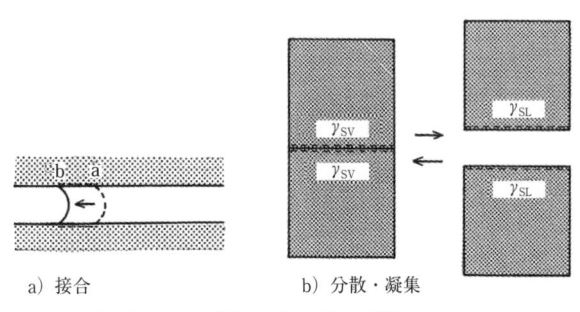

図 8.1 a) 接合と b) 分散・凝集のモデル

液体中に存在する微小固体（粉体）の分散・凝集もこれと同様に扱うことができる．立方体の微小固体が液体中で凝集している場合と，分散している状態をモデル的に図 8.1b) に示す．この場合には固体粒子間に液体が浸入することで分散状態となり，液膜がなくなる状態が凝集である．これと同様の現象は，溶湯中の非金属介在物の凝集・分散や固体粒子の鋳型壁や取鍋への付着などの現象も含まれる．すなわち，$\theta$ が 90°以下で分散が起こり，90°以上では凝集（付着）が起こる．分散は，一種の液相を介しての接合とみれば良い．

### 8.1.1 半田付けとロウ付けでの濡れ

半田とロウの相違は何であろうか．電気（電子）材料の接合には半田を用い，ステンレスなどの接合には銀ロウなどを用いる[3]．これは，接合に使用される合金の融点が 450℃以上のものを**硬ロウ**（**ロウ材**）といい，融点が 450℃以下のものを**軟ロウ**（**半田**）と区別しているにすぎない．この分類は便宜的なものであり，何ら物理的な意味はなく，ただの慣習である．したがって，以下ではこれらを区別することなく，半田付けとして記述する．

半田付けなどでは，半田ゴテなどで被接合材の温度を十分に上げ，被接合材が液体半田と同じ温度になるまで接合が起こらない．これは，正に濡れに対する温度の影響（熱平衡）である．また，多くの半田付けではフラックスが用い

られるが，これは被接合材表面の酸化物や汚れ等の除去が主目的であり，その詳細は大澤の著書[4]を，半田の濡れに関しては筆者の解説[5]を参照いただきたい．

被接合材である金属表面が酸化されていると，これは半田（溶融金属）と酸化物の濡れになり，濡れ性は悪化する．また，被接合材の表面が油などで汚染されていると，これも濡れ性を悪化させる原因になる．そこで，これらの除去にフラックスが多用され，或いは不活性ガス下での半田付けが行われている．

また，半田付けに時間を掛け過ぎると，図7.5で記述したように，界面に金属間化合物を生成し，接合強度が低下する．したがって，如何にして低温・短時間で半田付けを終了させるかが，作業性のみならず，ICチップ等の劣化を防ぐことになる．そこで，ICチップなどの劣化・信頼性を損なうことなく，短時間で接合することが重要である．これは濡れ速度の向上に他ならない．

これらの系では，半田付けの評価に単純に平衡接触角を用いることができない場合が多い．例えば，先の半田付けの例ではないが，溶融半田を冷たい（正確にはより温度の低い）固体に濡れさせることは難しく，この場合には固体の温度上昇が必要である．しかし，学問的には，濡れは本来平衡状態で測られるべきであり，両者の温度は等しくなければならない．また，速度論の分野でもあり，平衡接触角をそのままでは適用できないことになる．通常のロウ付けも同様で，例えば炉中ロウ付けでも，先ずはロウ材が溶融し，その後に被接合物の温度とロウの温度が同じになった状態でのみ，接触角で考えることができる．しかし，この間に先に記述した物質移動や界面反応が生じる．また，浸漬半田付け法では基板の温度上昇は不可欠である．いずれにしても，平衡接触角には濡れ速度の情報は全く含まれていないので，注意を要する．

## 8.1.2 溶接と濡れ

**溶接**と濡れの関係は主としてロウ付けの項で記述されているに過ぎず，本質的な記述はなされていない[3,5]．あえて記述すれば，溶接時のスパッターが，被溶接物に付着しえず，容易に除去できるのは，被溶接材の温度が低く，両者の濡れが不十分なためと考えればよい．したがって，溶融金属と被接合物の温度が同じになった段階で，初めて濡れの考え方が導入できるに過ぎない．

## 8.2 鋳　　造

### 8.2.1 鋳造技術と濡れ

　鋳造と濡れの何処に関係があるのか，と思われる方もいよう．それが大ありなのである．砂型で鋳物ができるのは，砂の表面で溶融金属（以下，鋳物屋の用語として溶湯・湯という用語を用いる）が凝固し，砂型の隙間に浸入できないからではない．先の白鳥の例（図4.3, 4.4）のように，実は砂と溶湯が濡れないことに原因がある．両者が良く濡れると，溶湯は砂型中に浸入し，砂型と鋳物本体の接合という**焼付き**或いは**差込み**という鋳造欠陥を引き起こす．この詳細は8.2.3項で記述する．

　図4.4の水鳥の羽根のモデルを砂型に置き換えてみよう．勿論のこと，この場合には砂は球形モデルで考える方が良いが，モデルは図4.4そのままでも特に問題はない．水鳥の羽根の中に水が浸入し得ないのは濡れ性が悪いためであることを先に示した．**鋳型**（鋳物砂）の場合にも全く同様で，濡れが悪いことで鋳型の空隙に溶湯は浸入できず，凝固が完了することで鋳物の形ができる．これには，溶融金属の表面張力が水に比べて数十倍大きいことも寄与している．

　砂型を上から見るとその隙間は極めて少ない．しかしこれを断面で考えると，隙間は必ずしも少なくはない．例えば砂粒を同じ直径の球と見なすと図8.2のようなモデルで表せる．この配列はパチンコの玉を並べてみれば容易に理解されよう（図8.2a）．表面の球の配列が下まで繰り返されているとして，図8.2a）をX-X'断面で切断すると同図b）が得られる．このモデルは多少の誇張はあるが，鋳型の中ではいかに空間が多いかが理解されよう．ちなみに，砂の見掛け容積は $0.8 \sim 0.6$ cm$^3$/gであり[6]，充填率としては$54 \sim 73$%になる．したがって，砂型はその体積の $27 \sim 46$% は空気である．

　濡れに立ち返ってみると，$\theta$ が90°以上であれば溶湯は砂型の空間に浸入できない（図4.4白鳥の羽の図を参照）．これは，砂型の最小空隙を図8.2a）の点線で示した毛細管と考えれば良い（図3.1）．これに対して濡れが良いと，同図b）の右側のように，溶湯は濡れにより砂型中に浸入する（これは毛細管上昇の一種である）．

第8章 接合・接着と鋳造 93

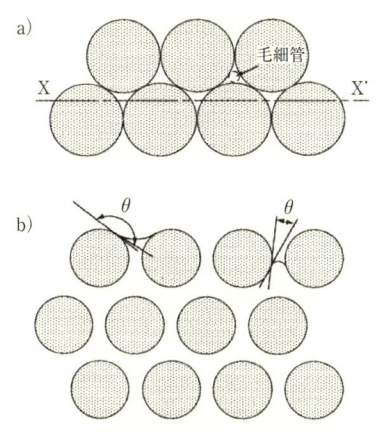

**図8.2** 砂型の空隙モデルと接触角

　金型鋳造や連続鋳造の金型にも一言触れておこう．何故，これらの場合には溶湯の金型への付着（接合）が起こらないのであろうか．この場合にも濡れないことが重要である．筆者の銅と水銀の濡れに関する研究によると[7]，固体の銅の温度が水銀の温度に到達して初めて水銀が銅に濡れ，その後に銅の水銀への溶解が開始することが確かめられている（図6.20）．この場合の濡れとは，液体と固体の付着と考えると理解し易いであろう．したがって，濡れなければ金型と溶湯の焼き付きや合金化は起こり得ない筈である．もっともこの場合の濡れには，先に述べたように液体と固体の温度差も大きく影響する．例えば，水冷銅板上で各種の金属をプラズマやアーク，電子ビームなどで溶解しても，両者が濡れることはない．この場合にも両者の温度差が濡れを妨げている．したがって，連続鋳造の金型やキュポラや高炉の水冷銅羽口が長時間の使用に耐えるのは，この温度差による濡れ防止作用が働いている．もしもこれらの物体の温度が液体と同じ温度になると，両者は濡れ，その結果として固体の液体への溶解が始まり，接合・溶損欠損が生じる．
　これまでに記述したように，砂型の場合には溶湯と濡れないことが最も重要な特性といえる．両者が濡れ易いと，8.2.3項で記述するように，両者は接合し，焼付きと称する欠陥を発生させる．そこで，濡れを基本概念として鋳型に要求される砂の特性を考えると，1)溶湯に耐える十分な耐火度があって，2)溶湯と濡れることなく，3)適度な大きさの球形に近い砂が良いといえよう．

適度な大きさ（砂の粒度）とは，砂粒が小さいほど鋳物の肌（これを鋳肌という）は良くなるが，一方で砂粒を小さくすると鋳型の通気度を悪化させる．砂型鋳物では，鋳造時に発生する大量のガスを砂型内の隙間から逃がさなければならない．鋳型の通気度が悪いと，ひどい場合には，溶湯は湯口から噴出する．したがって鋳肌と通気度の両面から，砂粒子は，大きすぎても小さすぎても使い物にならず，通常，砂型に用いられる砂の粒度は直径で0.5mm程度に限定される．

実際の鋳物作業現場では，溶湯に触れる部分の砂だけが細かく，離れた部分の砂を粗くすることで鋳肌と通気性の両者を満足させることが多い．このような手法の1つに**塗型**や**肌砂**がある．塗型は鋳型表面に微細な耐火物などでできたスラリー状の物質を薄く塗布する技術である．肌砂とは，溶湯に触れる表面部の砂だけを細かくする技術である．しかし鋳型製造の機械化や自動化，生産速度の向上等の理由で，肌砂は殆ど使われなくなりつつある．現在では，この代用として表面部に細かい耐火物粒子を粘結材を用いて塗布する，これが塗型である．極端な言い方をすれば，塗型に十分な強度があれば，塗型だけでも鋳物は製造できることになる．その極端な一例を図8.3に示す．

図8.3 防水処理を施した茶こしの中の水

この写真は，防水処理を施した市販のステンレス製の茶漉しに水を入れたものである．水を溶湯に，茶漉しを砂型に見立てることで砂型鋳造を模している．このままの状態で冷凍庫に入れれば，水は凝固し，茶漉しの形の氷の鋳物ができるはずである．ステンレスは，水に対して十分の耐熱性を有し，通気度もあり，鋳型としての最小の機能を備えていると考えるのだが，いかがなものであろう．

一般に鋳物では薄肉品・微小部品が作り難いことはよく知られている．現状でこれらの代表的な小さい鋳物は指輪や入れ歯である．その理由は先に記したように，溶融金属と砂型は濡れ難い．そこで図8.2b)のモデルでは$\theta > 90°$の条件に相当し，溶融金属は狭い砂型の隙間には入り得ないことがわかる．これが微小部品の製造に適さない主原因である．この点に関しては以下に詳細に記述する．

砂型の上に小さな溶滴がある場合を考えてみよう（図8.4a左）．この溶滴は砂型と濡れないので，表面張力により球形になろうとする．これを，溶滴が砂型内の狭い空間内に閉じ込められている場合，すなわち，a)右図で考える．逆に表現すると，a)の右図で，強い力で上型を押さえつければ，溶滴は圧力に負けて横に拡がる（扁平化する）．この考え方を鋳型内の狭い空間内を溶湯が流れる場合の先端に応用してみよう．すると同図b, c)にあるように，その先端ではa)と同様に球形に戻ろうとする力$P$が作用する．これらの空間で溶湯を左から右に流すには，$P$に打ち勝つ力（圧力）を加えることが必要になる．そこで鋳込み時の圧力（例えば溶湯の静圧）が$P$以下の場合には，この狭い空間には溶湯は浸入することができない．すなわち，表面張力による**湯廻り不良**が発生する．この好例が砂型であり，金型鋳造時のガス抜き，金型の合わせ面のクリアランスに溶湯が浸入できない原因である．勿論，砂型の隙間に溶湯が浸入できない（差込まない）現象もこれに相当する．

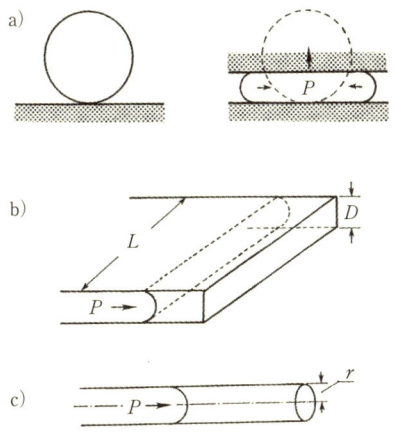

図 8.4 薄肉部での溶湯の流れと濡れの関係

それではどの程度の空間に溶湯が流入できるかを計算で求めてみよう．図b）で，狭い平板間の隙間に溶湯が流れる状態を考える．湯流れの先端では，表面張力$\gamma_{LV}$が作用する周長は$2(L+D)$であり，圧力$P$の作用する断面積は$D \times L$である．そこでこれらの関係式は次のように表せる．

$$2(L+D)\gamma_{LV}\cos\theta = DLP \quad \cdots\cdots\cdots(8.1)$$

同様にしてc）の円柱では（8.2）式が得られる．

$$2\pi r\gamma_{LV}\cos\theta = \pi r^2 P \quad \cdots\cdots\cdots(8.2)$$

ここで，接触角$\theta = 180°$，$\gamma_{LV} = 1800 \mathrm{mN/m}$（溶融純鉄の表面張力），$P = 0.02\mathrm{MPa}$（有効液頭または静圧：300mm Fe）とすると，$L \gg D$の条件下では$P = 2\gamma_{LV}/D = 2\gamma_{LV}/r$となり，$D = r = 0.1\mathrm{mm}$が得られる．したがって，通常は0.2mm程度の肉厚が鋳物の最少限界で，これ以下の薄肉鋳物を製造するには圧力鋳造が必要になる[2]．先に，鋳物では薄肉物はできないと記述したが，その原因は濡れ性と表面張力にあることがわかる．

### 8.2.2　湯流れ速度と濡れ

先に砂型と溶湯は濡れが悪いので，薄肉の鋳物は作り難いと記述した．これは溶湯が鋳型の空間に流れ込み得るか否かの話でもあった．それでは濡れと湯流れ速度の関連を論じてみよう．2008年夏の北京オリンピックでは，水泳競技で選手が着用する水着が記録に影響したことは記憶に新しい．水泳選手の泳ぐ速度が水着で向上するのであるならば[8]，この技術を鋳型に応用できないかと，考えるのは鋳造に携わる者としては当然のことであろう．この点に関して，渡辺ら[9]は，矩形管内面と水との濡れを変化させ，充満した矩形管内での水道水の流れを研究した．その結果，濡れが悪いと，濡れがよい場合に比べて管摩擦係数が15％程度減少し，流速が大になると結論している．しかし，このデータは水が管を満たして流れた場合であって，鋳物の湯流れの場合には鋳型を満たすまでの溶湯先端の流速が問題である．この点に関しては，先の（8.1）式と（8.2）式で示したように，濡れが悪いと先端では流れの抵抗になることがわかっている．これらの情報は濡れにより湯流れ速度は大きくも小さくもなり得ることを示している．一般的には，濡れが悪い場合には，先端での濡れによる抵抗で流速は低下し，管壁摩擦抵抗の減少は流速を増大する方向に作用する．そこで，これらの検討が必要になった．

第 8 章 接合・接着と鋳造    97

　濡れない系として内径 3mm のテフロン細管を，濡れる系として内径 3mm のガラス細管を用い，水を用いて先端部の流速を測定した[10]．流れ先端部の水の形状を図 8.5 に示す．また，管内の先端流速を求めた結果を図 8.6 に示す．これより，先端では (8.2) 式のような抵抗が大きく影響し，テフロン細管内の流速がガラス細管より遅いことが判明した．

　これらの結果は，濡れが悪いと管摩擦係数は減少するが，その効果よりも先端での濡れによる抵抗が勝り，流速を低下させることが判明した．残念ながら，このままでは水着の技術は鋳型には適用できないことになる．オリンピック選手の水着技術を鋳物に応用しようと試みたのであるが，先ずは失敗であった．しかし，ここで見えてきたことは，鋳型の表面に薄く金属などを塗布し，先端部では濡れを良くし，それと同時に，溶融金属がその塗布層を瞬時に溶解

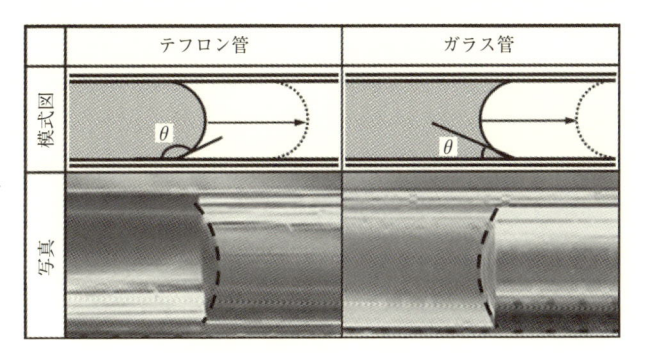

図 8.5　管内の流れ先端部の形状

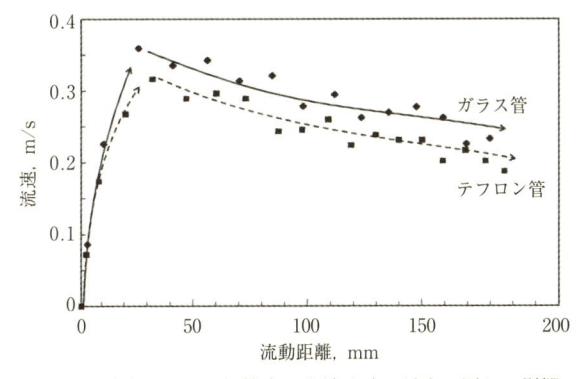

図 8.6　直径 3mm の細管内の先端流速に対する濡れの影響

すればよい．すなわち，溶融金属と鋳型界面の濡れを悪くさせることができれば，流速を大にすることは可能で，この目標は達成できることが考えられる．残念ながら，著者の研究はここで止まっている．

### 8.2.3 焼付きと濡れ

**焼付き**とは，鋳造欠陥の1つで，通常は鋳型砂と溶融金属が接着（溶着）し，鋳物が砂と複合材料化するものである．砂型や金型を用いる鋳物屋にとっては，焼付きが生じるとその仕上げに多くの時間を要し，寸法精度の悪化とコスト上昇の一因となるので，頭の痛い問題である．砂型の焼付きに関しては学振の研究報告[11]や，アメリカ鋳物協会の特別報告[12]などがある．何れの報告も濡れとの関連で纏められてはいるが，その詳細な原因は明らかにされていない．著者は鋳造と濡れを専門分野としているので，砂と溶湯の濡れの観点から焼付きの研究[13,14]を行ってきた．金型の焼付きに関しては，後述する8.4.4項の鋳包みと同じで，金属と溶湯の接合と考えればよく，鋳包みの章を参照いただきたい．

砂型の焼付きには，大型の鋳物などで溶湯の静圧が大きくなると，その圧力で砂の隙間に溶湯が浸入する**物理的焼付き**と，溶湯と砂型界面での化学反応を介して濡れが改善（?）され，溶湯が砂の隙間に浸入する**化学的焼付き**がある．

#### a) 物理的焼付き

(8.1) 式と (8.2) 式で求めたように，先の場合では溶湯の静圧 $P$ が 300mm Fe を越えると，砂型の代表的な隙間の径 0.1mm の粒間に浸入する．これを物理的焼付きと称する．この場合には，通常は鋳型の表面部に細かい砂を用い（これを肌砂と呼ぶ）るか，或いは，鋳型の表面部に耐火度の高い耐火物の細かい粒子を粘結材を混合したスラリーで塗布する，塗型といわれる手法を用いる．塗型の手法は，化学的焼付きの防止にも多用されている．先の防水処理を施した茶漉し（図8.3）に大量の水を注ぐと，茶漉しの網目を水が通り抜ける．これが物理的焼付きである．したがって，この対策としては茶漉しの網の目を細かくする，すなわち，鋳型の表面部に細かい砂（あるいは塗型）を用いるしか，有効な手段はない．

## b) 化学的焼付き

砂型のモデルとして石英ガラス板とマグネシア板を用い，その上で純鉄を1600℃でアルゴン雰囲気下で溶解した．そして溶融鉄の温度が1600℃に到達した時点から150秒後に酸素を10%導入すると，その接触角は図8.7に示したように，急激に低下し始める．溶融鉄の液滴に見える多重リング状の模様は，電球のフィラメントの模様である．この時の溶融液滴の形は，生卵をお皿の上で割った状態に良く似ている．黄身を中心に白身がその周辺を取り囲んでいる状態である．図中で中央が溶けた純鉄（黄身）で，その周辺の白身は酸化鉄とガラスが反応してできたスラグ（矢印で示した）である．酸素の導入でこのスラグの量が増大するにつれて，見掛けの接触角は低下している．正確には，この接触角は石英ガラス板とスラグの接触角である．接触角の経時変化を石英ガラス板（$SiO_2$）とマグネシア板（MgO）を用いた測定結果を図8.8に示す[13]．酸素ガスの導入で，接触角は急激に低下し始めるが，接触角の低下速度は MgO の方が $SiO_2$ よりも著しく遅いことがわかる．

これらの試料を取り出し，溶融鉄と石英ガラス板の界面部の断面組織を観察した結果を図8.9に示す．ここでは，全く酸化鉄を作らない条件，すなわち，ヘリウムガスに3%水素添加した雰囲気としたものと，先のように酸素を10%導入したものを示す．図から明らかなように，3% $H_2$ 雰囲気下では酸化鉄はなく，接触角は90°で，酸素を導入した系ではスラグと基板の接触角は20°以

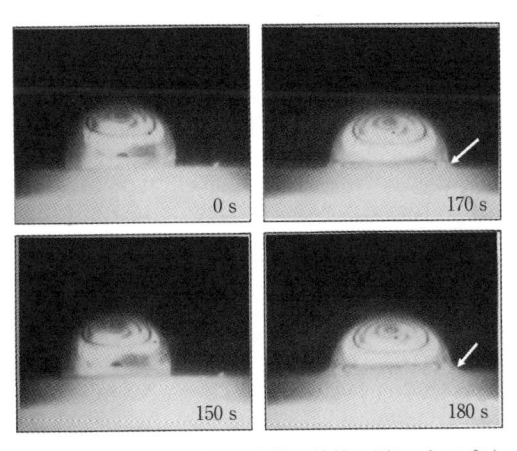

図8.7 石英ガラス板上の純鉄の液滴の濡れ（1600℃）

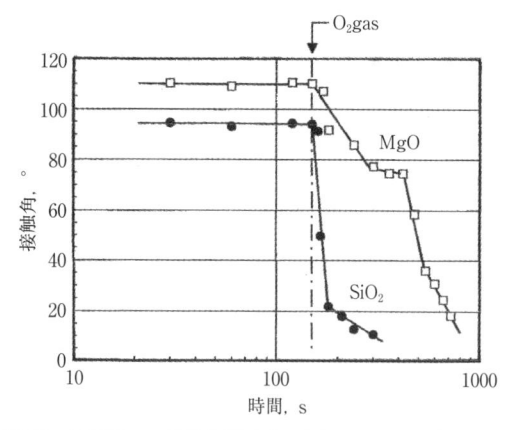

**図 8.8** 1600℃での純鉄と耐火物の濡れに及ぼす酸素の影響

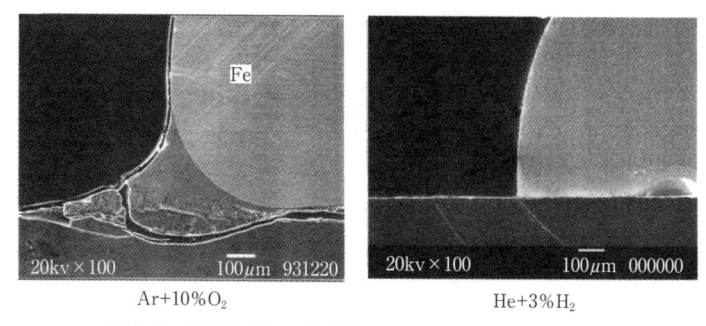

Ar+10%O$_2$    He+3%H$_2$

**図 8.9** 溶鉄と基板の接触角に対する雰囲気ガスの影響

下であることがわかる．

　この接触角の低下が焼付きの主原因である，と筆者は考えている．しかし，これは単に接触角の変化を測定したもので，焼付きそのものではない．そこで，シリカガラス板の代わりに 0.5mm 程度のシリカ粒子をシリカ製のリング内に充填し，砂型モデルを作成した．このモデルを用いて焼付きの実験を行った結果を図 8.10 に示す．この実験も 1600℃で純鉄を溶解し，150 秒後から酸素を導入した．これらの写真で 150 秒で酸素の導入を開始すると，300 秒では液滴が半分以下になり，660 秒では殆どが鋳型中に浸入したことがわかる．すると，時間の経過と共に溶鉄がなくなってゆく，すなわち，砂の隙間に浸入したことがわかる．これが化学的焼付きである．

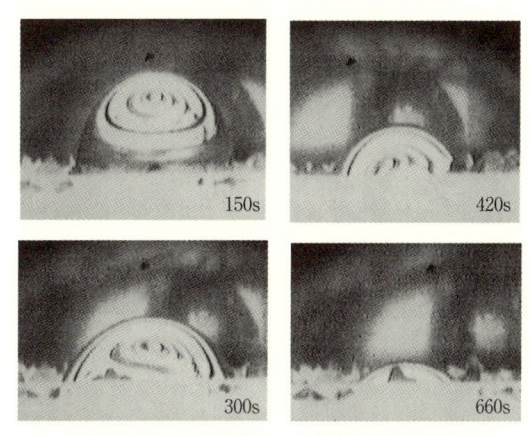

図8.10 シリカ砂の上の純鉄溶滴の変化

　これらの試料を取り出し，焼付き部の断面組織を観察した結果，ヘリウムガスに3%水素を混合すると焼付きは全く起こらず，砂粒の上に溶滴が浮かんでいた．これは水素ガスにより酸化鉄の生成を防止した効果と考える．これに対してアルゴンガスに酸素を混合したものでは，図8.1に示したように，溶鉄は砂粒子を取込まれ，砂の隙間に完全に浸入している．

　これらの実験では，酸化鉄ができないと焼付きは生じないことが明らかになった．一方で，シリカよりもマグネシアの方が接触角の低下速度は著しく遅い（図8.8）．これが塩基性の砂が耐焼付き性に優れている主因である．詳細に検討するため，$SiO_2/FeO$系と$MgO/FeO$系を，それぞれの2元状態図で比較する．前者は共晶系で，FeOの増大でスラグ（$FeO+SiO_2$）の融点は低下するのに対して，後者は全率固溶型でスラグ（$FeO+MgO$）の融点は上昇する．これが塩基性砂が耐焼付き性に優れる主原因と考えている．

　また，一般に鋳鋼は鋳鉄に比べて焼付き易いことが知られている．この現象は鋳鋼と鋳鉄の溶解温度の差が原因と考えられてきた．しかし実際には，鋳鋼に比べて鋳鉄が焼きつかない原因は別にある．鋳込み後に，鋳鉄中の炭素とシリコンが鉄よりも優先的に酸化し，酸化鉄の生成時期を遅らせるためである．これに対して，鋳鋼では酸化鉄の生成時期が鋳鉄よりもずっと早い．これが，鋳鋼が焼付き易い主原因である．したがって，凝固の終了まで酸化鉄が生成されなければ，或いはその生成量が少なければ，焼付きは生じないと言える．

焼付きに対する鋳物砂純度の影響に言及すると，純度の低い砂は融点が低く，その分だけスラグの融点も低下し，スラグが鋳型内部に流れ込む速度を速くし，その結果として焼付きを助長することが判明している[14]．これらの研究により，化学的焼付きの本質は酸化鉄を含むスラグと鋳型の濡れであることが明らかになった．

したがって，砂型の中にアマニ油やピッチ粉を混入させ焼付きの防止を図るのは，鋳型内部のガス雰囲気を弱還元性にし，酸化鉄の生成を防止するためである[15]．また，有機自硬性鋳型やシェルモールド鋳型で焼付きが発生し難いのも同じ理由である．

## 8.3 鋳包み

鋳包みは古くから用いられてきた鋳造技術の1つである．しかしこれまでは鋳造品の部分補強的な色彩が強く，品質向上といった前向きの検討がなされた例は極めて少ない．しかし近年，鋳造品の部分複合化，或いは複合材料への展開が図られるにつれて，新たに見直されてきた．その代表的な例に野口ら[16]の研究がある．彼らの研究により，鋳造条件，凝固形態による接合性（鋳包み）への影響などが明確にされ，鋳包みの技術も経験学問から理論学問へと展開してきた．これらの代表的な例に工作機械用ベッドの摺動部の鋼化や，自動車用アルミニウムシリンダーヘッドへの鋳鉄スリーブの鋳包みなどがある[17]．鋳包み技術は多くの鋳造品に用いられてきたが，なかなか表には出てこない．それは，製造法の大部分がノウハウに属するためであろう．

次に特異な例を紹介する．従来は鋳鋼で作られていたトラック用のアクスルハウジング（車輪を連結する軸）は，鋳鋼製のハウジング本体と鋼製のアクスルチューブを炭酸ガス溶接して製造していた（図8.11 上）．すなわち，鋼と鋼の溶接構造物であった．これを最近，佐藤らは[18]，球状黒鉛鋳鉄製のアクスルハウジングと鋼片を鋳造接合（鋳包み）で一体化することに成功している（図8.11 下）．この鋼片部にアクスルチューブ（鋼製）を炭酸ガス溶接することに成功した（図8.12）．すなわち，部分的には鋼と鋼の溶接構造物化である．これは，高加重が掛かる重要大形保安部品（全長で2000mm以上）に，鋳包み技術が採用された特異な例である．

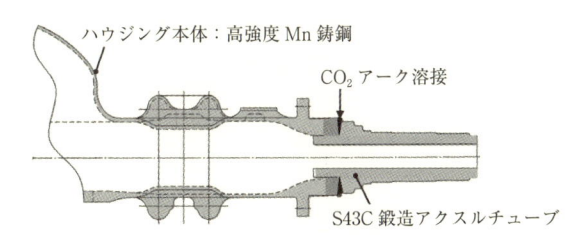

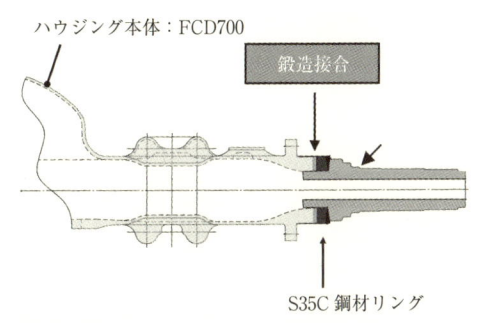

**図 8.11** 球状黒鉛鋳鉄と鋼の鋳造接合によるトラック用アクスルハウジングの製造法

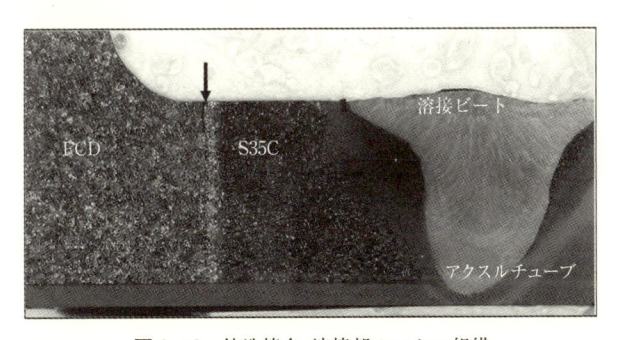

**図 8.12** 鋳造接合・溶接部のマクロ組織

　これらの技術には，鋳包み材が溶湯に濡れ，そして接合することが不可欠である．ここにも濡れと接合といった2つの基礎学問が必要になる．そしてこれらの条件を満たすには，少なくとも鋳包まれる材料が溶湯と同じ程度の温度にまで加熱されること，被接合材の界面が清浄であること，等が不可欠である．

## 8.4 金属精錬，非金属介在物の除去

溶融金属からの非金属介在物の除去なども，濡れとの関連で説明できるものがある．例えば，鋳込み時に巻き込まれた砂やノロなどの非金属介在物の多くは空気と共に巻き込まれるので，その溶融金属からの離脱除去が問題になる．この場合にも，非金属介在物と溶湯の濡れが重要になる．濡れが良いと，これらの非金属介在物は溶湯で囲まれる方が界面エネルギー的に安定になり，溶湯中に存在する方がよく，除去できない．これに対して濡れが悪いと，非金属介在物は気泡中に存在する方が安定で，図8.13a) のように大きな気泡と共存し得るし，或いは気泡の中に全体が移行する．すなわち，濡れないということは，液体中よりも気体中に存在する方が界面エネルギー（正確には界面張力というべきである）が低い，ということになる．したがって，濡れないことで非金属介在物は気泡とともに溶融金属から浮上分離される．

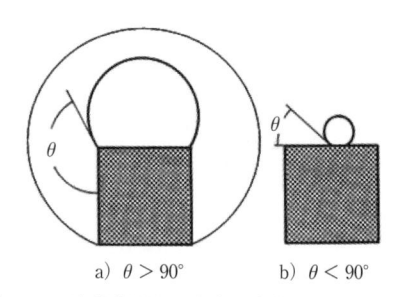

a) $\theta > 90°$　　b) $\theta < 90°$

**図8.13**　溶融金属中の非金属介在物と気泡の濡れ

黒鉛球状化処理や脱ガス処理に用いられるポーラスプラグの場合，細かい気泡を生成させると，その効率は良くなる．これには，ポーラスプラグの材質が溶湯と濡れが良いことが必要条件である．そのモデルを図8.14に示す．濡れが良いと，ポーラスプラグの先端は溶湯と接触した方が安定で，泡はパイプの内径に生成し，細かくなる．逆に濡れが悪いと（固/液界面は不安定で，固/気界面の方が安定），パイプ先端は気相で覆われた方が安定で，気泡はパイプの外径に形成され，大きな泡となる．ポーラスプラグなどの耐火物に如何に小さな孔を形成しても，その材質が溶融金属と濡れ易くなければ小さな泡はでき

ないことがわかる.

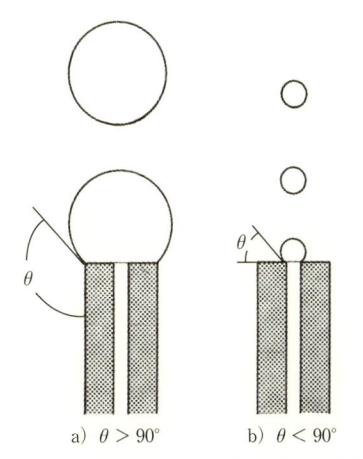

a) $\theta > 90°$   b) $\theta < 90°$

**図 8.14** ポーラスプラグでの気泡の生成と濡れ

## 8.5 耐火物と溶融金属との濡れと化学反応

　近年のように，電子材料の主原料として高純度金属が求められると，ルツボ材からの不純物元素の汚染が問題になる．特にスパッター基板などでは超高純度金属が求められ，ルツボからの汚染が重大な問題になってくる．これにも溶融金属と耐火物の濡れが原因している．そこで金属溶解のルツボ材質にも言及しておこう．これも砂型や耐火物，金型の場合と同様に，先ずは濡れないことが必要である．濡れなければ両者間の物質移動や化学反応は起こり得ない．したがって，ルツボ材による金属の汚染も生じない．この点に関しては水冷銅ルツボ中でのスカル溶解のように，温度差が原因で全く濡れない系が多用されることになる．

　しかし溶融金属と長時間に渡って全く濡れない耐火物は，実用上は存在し得ないであろう．実用上は，溶解が終了するまで濡れなければよい．溶融金属と耐火物が濡れると，多くの系では両者の間で化学反応が開始する[7]．MgOとアルミニウムの濡れに関する著者らの研究によると，MgO中の不純物元素や結晶粒界の存在が両者の化学反応を加速し，溶融アルミニウム中にMgやCa,

Siなどが移行することが知られている（図7.40）[19].この場合には結晶粒界は化学反応を加速させるための高速道路のような役割を果たし（これを粒界拡散という），粒界から粒内へと反応が進行することは前述の通りである.

## 参 考 文 献

1) 杉本克久：小特集『金属と非金属の接合』，日本金属学会報 24 (1985) 112-150
2) 中江秀雄：鋳物 65 (1993) 646-654
3) 新版 溶接工学，標準金属講座 10：鈴木春義著，コロナ社 (1960) 317
4) 電子材料のはんだ付技術―その科学と技術―：大澤 直著，工業調査会 (1983)
5) 中江秀雄：溶接技術 (1993,4) 66
6) 鋳造工学，機械工学大系 43：牧口利貞・著，コロナ社 (1978, 10) 212
7) 中江秀雄，山浦秀樹，篠原 徹，山本和弘，大沢義征：日本金属学会誌 52 (1988) 428-433
8) 松崎 健：日本機械学会誌 108 (2005) 436-437
9) 渡辺敬三，YANUAR，大木戸勝利，水沼 博：日本機械学会論文集（B編）62 (1996-9) 3330-3334
10) 中江秀雄，太田浩介，佐藤健二：鋳造工学 79 (2007) 285-290
11) 鋳鋼の焼着に関する研究：日本学術振興会 鋳物研究 24 委員会研究報告 (1971)
12) P.Delannoy, D.M. Stefanescu and T.S. Piwonka：AFS Res. Report Vo.2 (1990, 4)
13) 中江秀雄，松田泰明：鋳造工学 71 (1999) 28-33
14) 中江秀雄，松田泰明：鋳造工学 72 (2000) 102-106
15) 鋳造工学：鹿取一男，牧口利貞，阿部喜佐男，中村幸吉著，コロナ社 (1988) 249-270
16) 野口 徹，鴨田秀一，佐々木健二，酒井昌宏：鋳物 65 (1993) 765
17) 鋳造工学：中江秀雄著 産業図書 (1995) 4
18) 佐藤一広，鈴木 敏，黒木俊昭：鋳造工学 76 (2004) 855
19) 吉見直人，中江秀雄，藤井英俊：日本金属学会誌 52 (1988) 1179-1186

# 第9章

# 金属基複合材料と金属間化合物の製造

　本章では濡れが関与する金属基複合材料と金属化合物の製造法に限定して話を進める．したがって，溶融金属を用いた製造法とする．共晶合金を一方向凝固させる手法も金属基複合材料の製造法の1つであるが，これは単純な凝固法であり，ここからは除外することとした．すると，溶融金属を用いた複合材料の製造法は2つに大別されよう．1つは溶融金属に粒子を添加する手法で，**粒子添加法**と呼ぶことにする．もう一つは，予め成型したセラミックスなどのポーラスな成型体（これを**プリフォーム**と称する）に，溶融金属を浸入させる手法で，これを**溶浸法**と呼ぶ．溶浸法に関しては，SiCとアルミニウム，Ni焼結体とAl-Niに関して記述する．Ni焼結体への溶浸法では，Alを溶浸することでNiとAlの金属化合物の製法である．これに加えて，空気とアルミニウムの複合材料である，発泡アルミニウムの製法に関しても言及する．

## 9.1　粒子添加法

### 9.1.1　粒子添加（気体から液体への粒子の移行）

　粒子添加法には多くの濡れに関するモデルが提案されている[1-3]．これらを総合して言えることは，粒子が溶融金属に完全に濡れないことには（この条件は$\theta = 0°$であるが），粒子は自発的には（外力なしには）溶融金属中に移行し得ない，という結論である．ただし，この場合の粒子は小さいものを意味し，大きな粒子では重力支配の領域になり，濡れとは関係なく浮力で浮き沈みする（重力支配）．1円玉が水に浮くように，濡れ支配の限界は水と固体の場合には0.1〜10mm程度であり，この臨界値はそれぞれ液体の種類，正確には比重と

濡れ性，表面張力などで変化する．

　一般に，金属基複合材料に用いられるセラミック粒子は小さく，また，セラミックスは溶融金属とは濡れ難いので，粒子添加には外力が必要になる．外力を用いる手法にはインジェクション法やボルテックス法など，強力な外力を用いた液体金属への粒子添加や，固液混合状態の金属に粒子を無理やりに混合させる方法が行われている[4]．ここでは純粋に，溶融金属への粒子添加を論じる．

　気体から液体への粒子添加をモデルで示すとすれば図9.1が適当であろう．ただし，このモデルでは単純化のため球形粒子で示してある．この図では，固液界面形状と，界面エネルギーと界面張力で分類した．後に明らかになるように，正しいのは界面張力モデルであるが，ここでは両者を併記しておく．

　界面形状を無視した，最も単純な界面エネルギーモデル（図9.1左）では，界面積を基準に，界面エネルギーの釣り合いで示してある．この場合には接触角は120°程度（粒子の1/3が液相中にある状態）で示してあり，粒子は溶融金属から排出され，図に示した位置でその表面に停まる．これを$\theta = 0°$にすると，液面が球の真上に来ることになる．つまり，粒子は液体中に取り込まれる[3]．界面張力モデル-1は，3相線上での界面張力の大きさと方向で示した．しかし，この場合には粒子の円周方向で積分すると，垂直方向の界面張力しか残らないので，界面形状を水平面で簡略化したモデル-2も合わせて示した．

　粒子移行の界面エネルギーモデルを図9.2に示す．この場合，空気中にある粒子の表面エネルギーは$\sigma_{SV}$であり，これが液相中に完全に取り込まれると，空気相の介在はなくなり，$\sigma_{SL}$になる．この図では固液界面に粒子が存在する

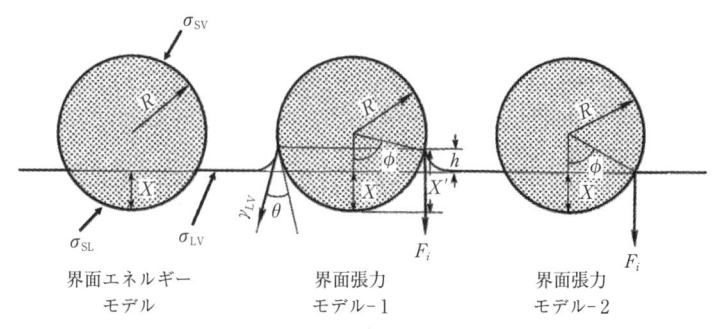

図9.1　気液界面での粒子の挙動モデル

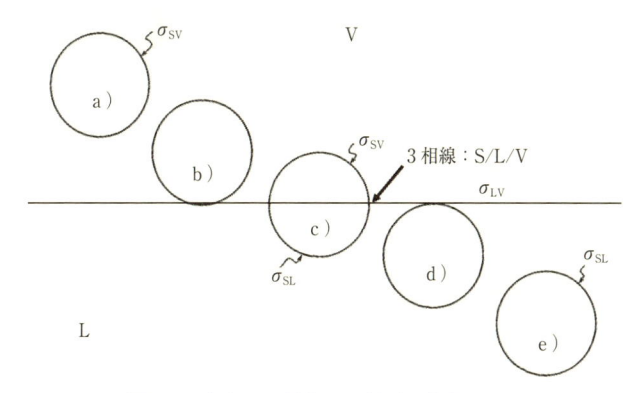

第9章　金属基複合材料と金属間化合物の製造　　　　　　　　　109

**図9.2**　気相から液相への粒子の移行モデル

時にのみ固相／気相／液相の3相線が現れ，この状態では濡れに支配されることが考えられる．これが界面エネルギーモデルであり，界面張力モデルでは液面の形状を考慮したモデル-1と，単に界面張力で表示したモデル-2を示した．

粒子が完全に液相に取り込まれると，液体中で粒子が浮上するか沈降するかの問題になり，これは単純に両者の比重差の問題で，浮力の問題になる．液相中での粒子の凝集・分散に関しては図8.1で記述した通りであり，ここでは省略する．

ただし，これらの結果は小さな粒子でのみ成り立ち，大きな粒子は重力支配の領域になり，濡れの考え方は適用できない．例えば，水すましは濡れで浮いており（図4.1），1円玉も濡れの作用で水面上に浮いている．しかしながら，1円玉を一度水に沈めると，これが再浮上することはない．一方，10円玉は濡れ性だけでは水に浮くことはない．濡れで水に浮けるのが界面張力（或いは界面エネルギー）支配の領域で，水に沈むのは重力支配の領域になる．10円玉／水系は重力支配域といえる．

この領域を，アルミナ球とアルミニウム溶湯での粒子の挙動を界面エネルギーモデルで考えてみよう．アルミナと純アルミニウム溶湯の接触角は90°程度であり（図7.17），濡れ易いとはいい難い．

界面エネルギーモデルでは，全界面エネルギー $E$ は（9.1）式のように表せる．（9.1）式で右辺のそれぞれの項は，その下に付記した界面の生成・消失に対応している．

$$E = -\pi(2RX - X^2)\sigma_{LV} + \pi(2RX)\sigma_{SL} + \pi(4R^2 - 2RX)\sigma_{SV} \quad \cdots\cdots\cdots(9.1)$$
　　　　　LV界面の消失　　SL界面の生成　　SV界面の生成

この $E$ を深さ方向で微分することにより，界面エネルギーにより生成する力 $F_S$ は次のように表せる．

$$F_S = dE/dX = -2\pi\{R(\sigma_{SL} - \sigma_{SV}) - (R - X)\sigma_{LV}\} \quad \cdots\cdots\cdots(9.2)$$

一方，粒子と液体の密度差（重力）による浮力 $F_g$ は次式で表せる．

$$F_g = \pi g X^2(3R - X)(\rho_S - \rho_L)/3 + \pi g(2R - X)^2(R + X)(\rho_S - \rho_V)/3 \quad \cdots\cdots\cdots(9.3)$$

ここで，$\rho_S$：固体の密度，$\rho_L$：液体の密度，$\rho_V$：気体の密度，ここで g は重力加速度である．

粒子に作用する力 $F$ は両者の和になる．

$$F = F_S + F_g \quad \cdots\cdots\cdots(9.4)$$

(9.4) 式で計算した $F$ を，アルミナ球（密度，$\rho_S = 3.9$）の大きさを変え，アルミニウム溶湯（密度，$\rho_L = 2.7$）との浮上・沈降に及ぼす粒子径の影響を図 9.3 に示す．ここでは，アルミナ球が 2/3 ほど溶融アルミニウム中に沈んだ状態（$X/R = 1.5$）で，粒子に作用する力 $F$ をシミュレーション計算した結果である．これより，粒子が大きくなるほどに重力支配になり，密度の大きいアルミナ粒子は溶湯中に沈むことになる（図中では下方に作用する力をプラスで示した）．しかし，粒子が小さくなると，界面エネルギー支配の領域になり，小

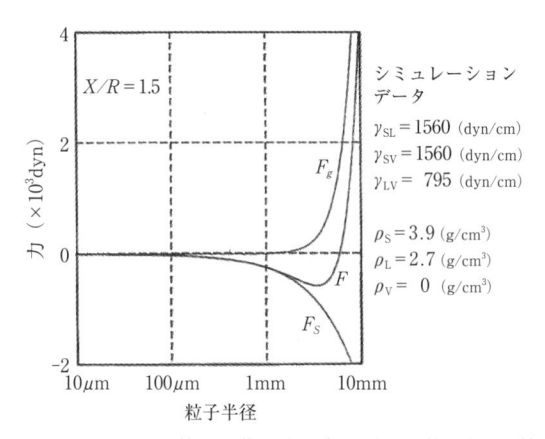

図9.3　アルミナ粒子に作用する力に対する粒子径の影響
　　　　（界面エネルギーモデルによる計算）

第9章　金属基複合材料と金属間化合物の製造　　111

さな粒子は溶湯表面に留まり，液相内に浸入することができないことがわかる．

　図9.3では，浸漬深さを一定として，粒子に掛かる力を，粒子の大きさの関数として求めた．そこでこの図を粒子に作用する力を，液相への浸入深さを加えて三次元的に表すと図9.4が得られる[3]．この図では，小さい粒子に掛かる力はその大きさに比例して小さくなっているように見える．当然のことであろう．そこで図9.4の粒子に作用する力をその粒子の質量で除してやると（これ

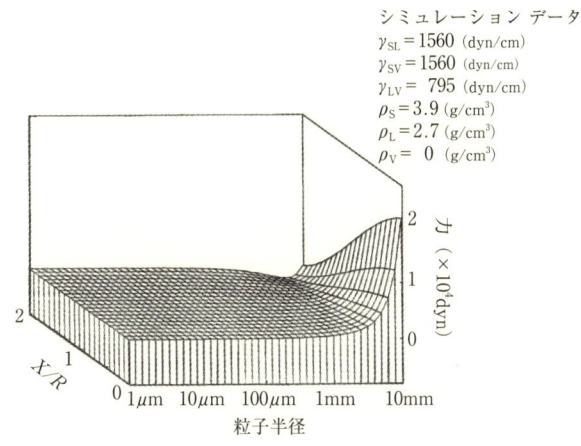

シミュレーション データ
$\gamma_{SL} = 1560$ (dyn/cm)
$\gamma_{SV} = 1560$ (dyn/cm)
$\gamma_{LV} = 795$ (dyn/cm)
$\rho_S = 3.9$ (g/cm$^3$)
$\rho_L = 2.7$ (g/cm$^3$)
$\rho_V = 0$ (g/cm$^3$)

**図9.4**　アルミナ粒子に作用する力と浸漬深さの関係

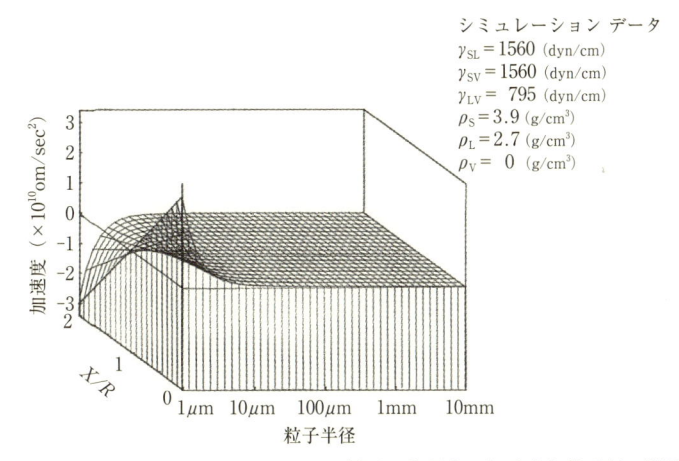

シミュレーション データ
$\gamma_{SL} = 1560$ (dyn/cm)
$\gamma_{SV} = 1560$ (dyn/cm)
$\gamma_{LV} = 795$ (dyn/cm)
$\rho_S = 3.9$ (g/cm$^3$)
$\rho_L = 2.7$ (g/cm$^3$)
$\rho_V = 0$ (g/cm$^3$)

**図9.5**　界面エネルギーモデルによる粒子に作用する加速度と粒子径の関係

は加速度 [m/s²] になる），図 9.5 が得られる．これより，粒子に作用する加速度は小さな粒子ほど大きくなることがわかる．例えば，半径 1 ミクロンの粒子では，粒子添加に必要な加速度は $10^7 g$ となり，極めて大きい加速度が必要なことがわかる．実際に粒子添加に必要な加速度は，濡れ性と粒子径，液体の表面張力，接触角などの関数になる．これらの結果は，粒子添加に要する加速度は粒子が小さくなるほど増大することを示しており[4]，従来の経験値と一致する．

この結果（図 9.5）は粒子の浸漬深さ $X/R$ に比例して加速度が直線的に大きくなることを示している．少し不思議な結果である．そこで界面張力モデル-1 を用いて同様の計算を行った結果を図 9.6 に示す．この結果（形）は，図 9.5 とは大きく異なっている．また，同様の計算を界面張力モデル-2 で行っても，これと同様の結果が得られた．

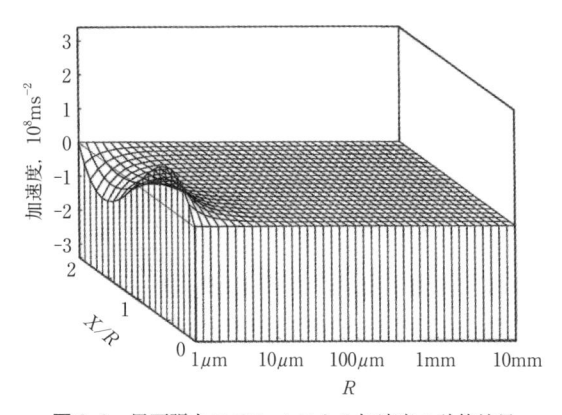

図 9.6　界面張力モデル-1 による加速度の計算結果

これらはあくまでもモデル計算の結果であり，モデルの妥当性の検討が不可欠である．そこで，粒子に作用する力をベアリング小球と水の系を用いて実測し，界面張力モデルが正しいことを立証した．実際には，パラフィンで薄くコーティングした直径 2mm のボールベアリング球を細線で吊るし，これを水に浸漬させた．その際，水に界面活性剤を添加して接触角を変化させた．そして，粒子に作用する力を精密天秤で直接測定し，この界面張力モデルの妥当性を証明した[3]．これらの事実は，先に記述したように，濡れは 3 相線での界面

張力の釣り合い結果であることを改めて示している．

## 9.1.2 粒子の固体への捕獲（液体から固体への粒子の移行：均一分散）

　これまでに，固／液界面での粒子の捕獲に関しては多くの報告がなされているが，殆どが水モデルによる検討で，金属系での実験は少ない．また，理論的な検討が主流であり，適切な実験例は少なく，実用上問題がある[5]．例えば，理論計算では，固液界面エネルギーの値などは信頼性に欠けるものが多く，これらの数値を用いて計算したものが多すぎる，と感じている．この点に関して向井ら[6]は氷と水の界面に於ける気泡の捕獲実験を行っており，興味ある結果を示している．

　粒子添加金属基複合材料の組織（粒子の分布）を見ると，粒子は凝固する金属から排出され，最終凝固部に粒子が集まっているのが一般的である．その様子を図9.7に示す[7]．図では，黒い粒子がSiCで，灰色の微粒子は共晶シリコンである．この実験では，亜共晶のAl-Si合金にSiC粒子を添加したDURALCAN[8]を用いているが，初晶アルミニウムデンドライト間の共晶液相中にSiC粒子が偏在している．これより，デンドライトから排出された粒子が共晶組成の液相部に存在することは明らかである．この様な状態では固相金属内での粒子の均一分散は達成できず，大問題である．MMCの分野で最も著名なDURALCANにしてしかりであり，粒子の均一分散が如何に難しいかがわかる．

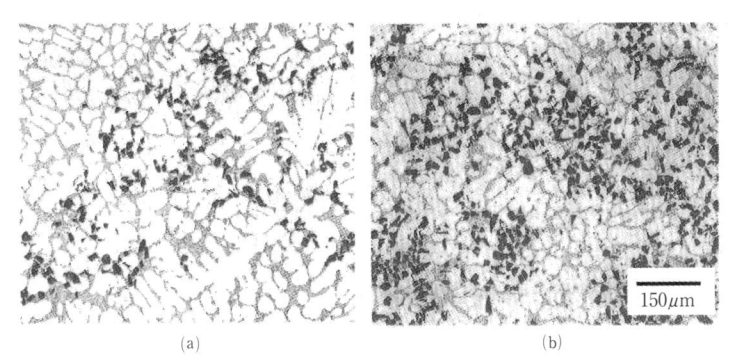

図9.7　粒子添加金属基複合材料の粒子の分布[5]

粒子添加に必用な条件とは，粒子が液体に濡れることである，と先に記述した．すると，粒子の均一分散は，粒子が固相と濡れ易ければよいとも考えられる．しかし，粒子と液体・固体金属間の接触角を測定することは難しい．この点に関して著者らは[9,10]，アルミナ粒子を用い，これと同じ材質のアルミナルツボを用いて一方向凝固実験を行い，凝固の途中で焼き入れを行い，固液界面を凍結し，固液界面形状を観察した．これにより，ルツボ材が固相と液相のどちらに濡れ易いかの検討を行った．すなわち，粒子が固相か液相のどちらに接した方が安定化の問題と考えた．粒子と固相・液相の濡れ*をモデル的に図9.8に，このモデルをルツボとの濡れに展開した例を図9.9に示す．

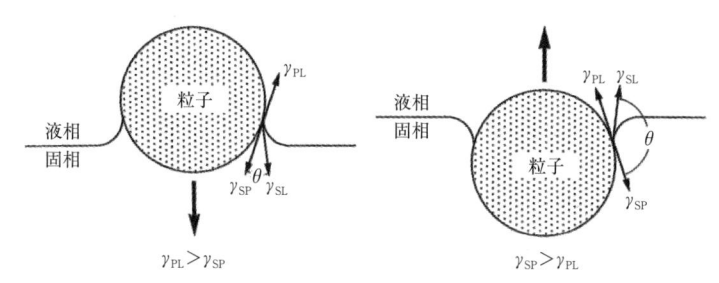

図9.8　粒子と固相，液相の濡れ（接触角）

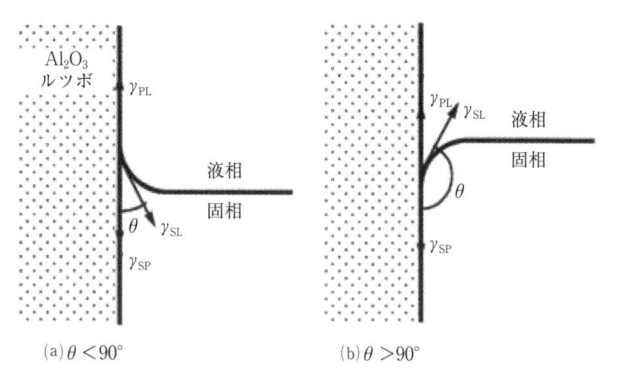

(a) $\theta < 90°$　　　(b) $\theta > 90°$

図9.9　粒子と固相・液相の接触角（ルツボとの接触角）の関係

---

*正確に濡れではなく，接触角を用いるべきであるが，これと同等の意味から，また，わかり易さからあえて濡れという表現を用いた．

第9章　金属基複合材料と金属間化合物の製造　　115

アルミナ粒子を想定し，アルミナルツボとアルミニウム合金との固/液界面での接触角の測定を，一方向実験途中で焼入れ試料の固液界面の形状で観察した．ルツボと固相，液相の濡れを測定した結果の一例を図9.10に示す．これは $Al_2O_3$/Al-Si-Sr系と $Al_2O_3$/Al-Si-Sr-Ca系での比較である[7]．前者の接触角 $\theta$ は90°以上であり，後者は90°以下であることがわかる．

これらの結果は図9.8，9.9のモデルと同じであり，$Al_2O_3$/Al-Si-Sr-Ca系では $Al_2O_3$ 粒子は固相に取り込まれる可能性があることを示している．そこで，アルミナ粒子を添加したこれらの合金を用い，これら2つの系で一方向凝固実験を行い，途中で焼入れした結果を，固/液界面部での粒子の挙動で図9.11に示す．写真で白くチャージアップしているのが $Al_2O_3$ 粒子である．

$Al_2O_3$/Al-Si-Sr系では粒子は固相から輩出され，固液界面前方に濃化しているのがわかる．この状態が長く続くと，多くの粒子が固液界面前方に集積し，物理的に動けなくなり，最終凝固部に濃化する（図9.7）．しかし，一方

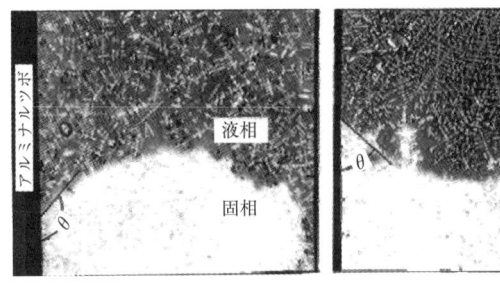

a) Al-Si-Sr 合金　　　　b) Al-Si-Sr-Ca 合金

図 9.10　$Al_2O_3$ ルツボと Al-Si 合金の固液界面形状に及ぼす Sr と Ca の影響

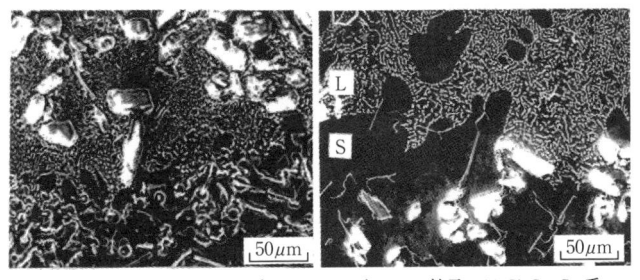

a) $Al_2O_3$ 粒子/Al-Si-Sr 系　　　b) $Al_2O_3$ 粒子/Al-Si-Sr-Ca 系

図 9.11　固液界面での粒子の挙動（凝固速度：8mm/h）

向凝固では濃化部がバンド組織を形成する（図9.12(a)参照）．これに対して$Al_2O_3$/Al-Si-Sr-Ca系では，粒子の固相への取り込みが行われており，その結果として均一分布が得られる．これが粒子添加金属基複合材料の理想的な姿である．これらの凝固モデルをまとめて図9.12示す．ここで，亜共晶材ではデンドライト間やセル粒界に粒子が機械的に捕獲され [(c), (e)]，一見，図(d)や(f)のように均一分布と同じに見える．しかしこれは排出の一種で，結晶粒界やデンドライト枝の間に粒子が機械的に捕獲されたに過ぎない．したがって，粒子は固相から排出されている．ダイカストなどの急冷凝固で，粒子が均一に分散しているように観察されるものにはこの現象が多い．注意して観察されたい．

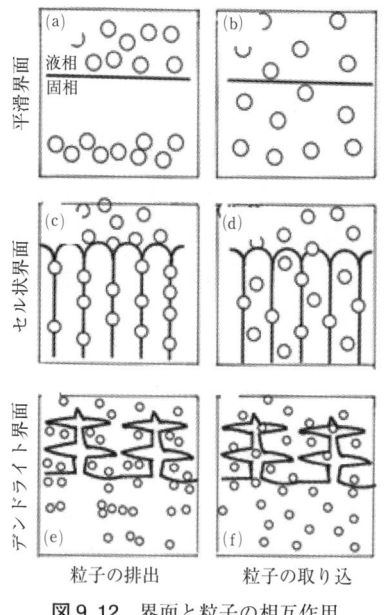

**図9.12** 界面と粒子の相互作用

## 9.2 溶 浸 法

### 9.2.1 加 圧 溶 浸

溶浸とは，予めセラミックス粒子や繊維を用いて多孔質の成形体を作製し，

その隙間に溶融金属を含浸させる手法である．このセラミックスの成形体をプリフォームという．そこでプリフォームへの溶融金属の浸入機構に言及する．この場合のモデルとしては図3.1c）や，白鳥の羽モデル，図4.4でよいが，ここでは図9.13のモデルを提案する[11,12]．この図はプリフォームの穴をモデル化したと考えていただきたい．濡れが悪いと図9.13左のように，溶融金属はプリフォームの表面近傍で停止する．通常の金属基複合材料の系（プリフォームと溶融金属の系）は濡れが悪いのでこのモデルが適用され，溶浸させるために外力に高圧力を用いるのが一般的である．この手法を**加圧溶浸（含浸）**といい，スクィーズ・キャスティング（高圧凝固法ともいう）が一般に用いられている．加圧に要する力 $P$ の計算式は（9.5）式に示した通りである．ここで $r$ は穴の半径である．

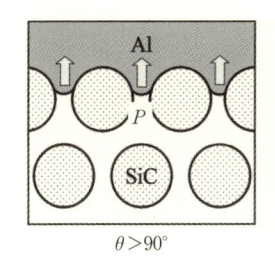

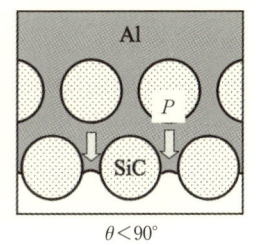

図9.13 溶浸の進行と濡れ（接触角）の関係

$$P = 2\gamma_{LV} \cos\theta / r \tag{9.5}$$

例えば，図8.4c）のモデルで考えてみる．この場合に，通常のスクィーズ・キャスティングで1000気圧を想定し，（9.5）式にこの $P$ を代入すると，浸入可能な最小空間半径 $r$ は $0.02\mu m$ になり，きわめて小さい隙間まで溶融金属が充填されることがわかる．この計算は純鉄の溶湯で計算しており，アルミニウム溶湯の場合にはその表面張力は純鉄の半分程度であり，更に微小部分まで充填されることになる．この辺の詳細は西田の著書[4]を参照いただきたい．

### 9.2.2 自発的溶浸に関する従来研究

濡れが良ければ，例えば吸い取り紙がインクを自然に吸収するように，プリフォームに溶融金属は自発的に浸透する．この現象は先に図3.1で記述した毛

細管上昇に他ならない．この典型的な例に粉末冶金での溶浸があり[13]，これらを**自発的溶浸**という．しかし粉末冶金の溶浸では金属同士であり両者の濡れが非常に良いので，時として骨材金属粉の溶解が問題になることもある．

最近では，セラミックスプリフォームにアルミニウム合金を自発的に溶浸させた報告があり[14,15]，これはランキサイド法（Lanxide process）として著名である[6,7]．しかし，この方法では，溶浸には窒素雰囲気が必用で，かつ長時間を要するなどの欠点があり，高価にならざるを得ず，実用に供された例は少ない．著者らはSiC粒子プリフォームへのAl-Si溶湯の自発的溶浸に成功している[16,17]．

これらの観点から，先ずはLanxide process[6,7]を見直してみる．この方法は窒素雰囲気中でMgを含有するAl-Mg合金を使用することで濡れを改善させ，自発的溶浸を起こさせている．この場合には，Mg蒸気が窒素と反応して$Mg_3N_2$を生成し，これがSiCの表面を覆う．この$Mg_3N_2$がAlと（9.6）式の反応を起こすことで濡れが改善され，自発的な溶浸が生じる，と説明されている．すなわち，（9.6）式の化学反応を利用した濡れ改善のプロセスである．これに関してはBN/Alの濡れ（図7.11と図7.12）を思い出していただきたい．

$$Mg_3N_2(s) + 2Al(l) = 2AlN(s) + 3Mg(inAl) \quad \cdots\cdots\cdots(9.6)$$
$$3SiC(s) + 4Al(l) = 3Si(inAl) + Al_4C_3(s) \quad \cdots\cdots\cdots(9.7)$$

Laurentら[18]はSiC/Alの濡れに関して図9.14の結果を報告している．この結果では高温ほど濡れが良くなること，雰囲気の真空度が高いほど濡れが良くなることを示した．その機構は，高温では（9.7）式の反応が進行し易く，これも一種の化学反応を伴う濡れである．しかし，この場合には，生成した$Al_4C_3(s)$が大気中で水と反応して水酸化アルミニウム［$Al(OH)_2$］を生成し，使用上問題になる．したがってこの系ではAl-Si合金を用い，SiCの安定域で製品を作ることになる．

アルミニウムは非常に酸化し易いことが知られているが，低酸素分圧下では，溶融Al表面の酸化皮膜である$\beta\text{-}Al_2O_3$が1273K以上の温度では$\alpha\text{-}Al_2O_3$に変態する．この変態により体積収縮が生じ，酸化皮膜に割れが発生し[19-21]，その結果として液滴表面に部分的に金属Alが現れる．すると，（9.8）式の反応により$Al_2O_3$がAlと反応して$Al_2O(g)$を生成し，酸化皮膜が消失するので濡れが良くなる．

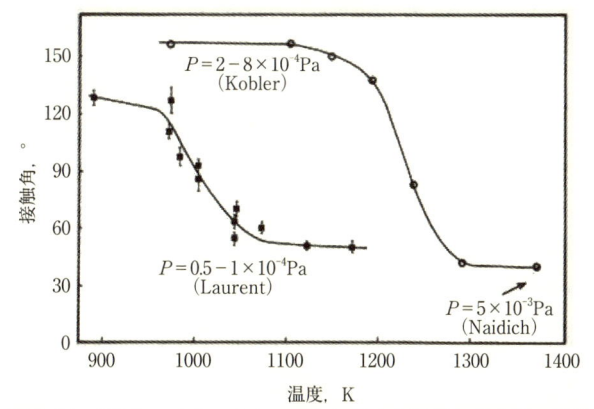

**図9.14** SiCとアルミニウムの濡れに対する温度と真空度の影響

$$Al_2O_3(s) + 4Al(l) = 3Al_2O(g) \quad \cdots\cdots(9.8)$$

Xiら[22)]は，1400℃でSiCプリフォーム中にAl-Si合金が自発的に溶浸すると報告しているが，これも高温と（9.7）式と（9.8）式の化学反応の結果とみることができる．また，W-S.Chungら[23)]はNiメッキしたSiCにAl-5.9% Si合金を真空溶浸させた，と報告しているが，これは金属／金属の濡れと，真空による減圧を利用したものであり，真の自発的溶浸とは言えないであろう．

### 9.2.3 新しい自発的溶浸法

これまでに金属基複合材料に関する多くの研究が行われてきたにも関わらず，その実用化は大幅に遅れている．その原因は製造コストと加工コストにあると考え，著者らは必要な箇所だけを複合化すること（部分複合化）を目的とし，大気中での自発的溶浸法の研究を行ってきた．これまでにSiC/Al-Si系[24-28)]とSiC/鋳鉄系[29, 30)]で多くの研究を行い，自発的溶浸に成功している．ここでは前者について紹介する．

部分複合化のため，水ガラスによるSiCプリフォームの成型（鋳造でのCO$_2$型と同等）と，自発的溶浸のため，水ガラスに金属酸化物を混合することで，溶融アルミニウムとの発熱を伴う化学反応を生じさせることを考えた．また，出来上がった金属基複合材料にAl$_4$C$_3$が生成すると，これが空気中の水分と反応しAl(OH)$_2$を生成し，実用上問題になる．そこでこれらの化学反応を抑え

るため Al-Si 合金を用い，化学反応を起こし易くする目的でこれに Mg や Ca を合金化させた．

この溶浸には次のような発熱反応が寄与しており，これらの化学反応（テルミット反応）も濡れの改善をもたらし，自発的溶浸を起こさせている，と考えている．

$$3SiO_2(s) + 4Al(l) \rightarrow 3Si(inAl) + 2Al_2O_3(s) \quad \cdots\cdots(9.9)$$

$$Fe_2O_3(s) + 2Al(l) \rightarrow Al_2O_3(s) + 2Fe(inAl) \quad \cdots\cdots(9.10)$$

水ガラスと酸化鉄により作成した粘結材でプリフォーム（60mm$\phi$×30mmh）を作成した．これを乾燥・仮焼結し，900℃の Al-12% Si-3% Mg 溶湯に浸漬すると自発的溶浸が生じる．この時，プリフォームは溶融アルミニウム合金よりも密度が小さいので，図 9.15 のようにプリフォームに重しを付けて溶湯中に浸漬させる．自発的溶浸が起こると，プリフォーム中の空気がアルミニウム溶湯で置き換えられることになり，重量変化が生じる．そこで，図に示した重量センサーにより，試料に掛かる力を連続的に計測することで，溶浸過程を間接的に計測できる．代表的な重量変化を図 9.16 に示す．これより，プリフォームの浸漬後 100s 程度で溶浸が生じていることがわかる．これらには一定時間の潜伏期があり，その間は鋸波状の加重変動を繰り返し，その周期が長くなった（内部からのガス発生が少なくなった）時点で，突然，溶浸が生じていることがわかる．

図 9.16 の重量変化は鋸波の繰り返しであり，プリフォーム中のガスが気泡

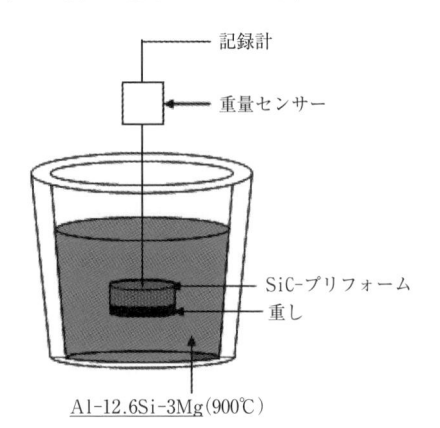

図 9.15　SiC プリフォームへの自発的溶浸の測定法

# 第9章 金属基複合材料と金属間化合物の製造

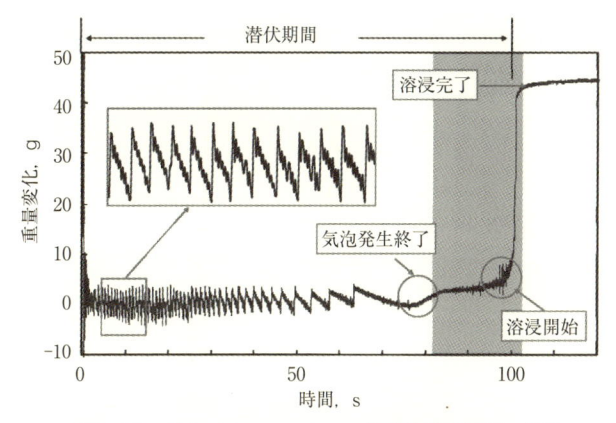

**図9.16** SiC プリフォームへの自発的溶浸過程の観察

を形成し，その気泡がアルミニウム溶湯中へ離脱を繰り返した結果（生成と離脱）生成したものと考える（図9.17）．浸漬時間が短いときには，プリフォーム中には大量の空気とガスの発生源（吸着水分など）が存在し，急激な凹凸を繰り返す．これらの量が少なくなると鋸波の周期は長くなり，その後に自発的な溶浸が生じている．また，これらの溶浸が生じる機構は図9.18のように考えている．すなわち，気泡の生成と離脱の繰り返しで，プリフォームからの発生ガスがなくなった時点で急激に溶浸が起こっている．これは，プリフォーム中でのガスの発生が少なくなると，溶湯中のMgなどが内在するガスと反応することでプリフォーム内が減圧状態になり，これを起点としてアルミニウム溶湯のプリフォーム内への吸引が始まる，と考えている（図9.18）．すると，酸化皮膜は伸びが小さいので，溶湯の先端部を覆っていた酸化皮膜に割れが生じ，溶湯中のMgなどが内在するガスと急激な反応を起こし，更に減圧度を増大させ，急激に自発的溶浸が生じる[24-28]．この現象が溶浸終期の急激な加重の増大となって現れている．

このような操作を行うことで，SiC 成形体に自発的にアルミニウム溶湯が溶浸する．このようにして作製した SiC/アルミニウム合金の複合材料の外観と断面を図9.19に示す．このプロセスでは，SiC の成型は鋳造法で用いられている砂型の作成法，すなわち，炭酸ガス法に準じており，簡便で安価に形を付与することが可能である．

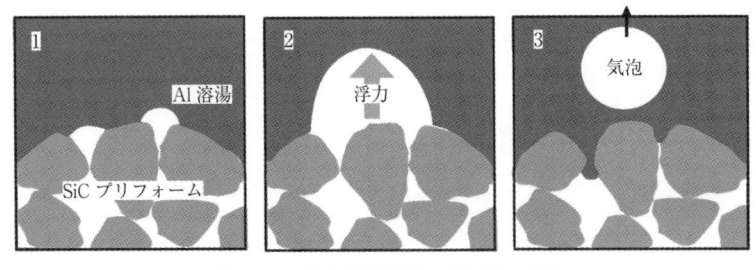

図9.17 自発的溶浸時の鋸波形の解析

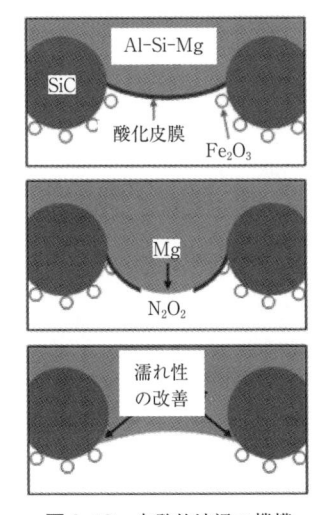

図9.18 自発的溶浸の機構

図9.19 SiC/Alのプリフォーム外観と金属基複合材料の外観と断面組織

溶浸の基礎は濡れであり，接触角が90°以下になると自発的溶浸が生じることを，濡れの面から解説してきた．そして，如何にして濡れを改善させるか（接触角を90°以下にさせるか）に関しては，物質移動を伴う濡れ，化学反応を伴う濡れの両面から記述した．この様にみてくると，新しい工業プロセスの開発にも基礎が大切であり，濡れの理解なくしてこの分野の研究は難しいことを理解していただきたい．

### 9.2.4　溶浸法による金属間化合物の製造

7.3.3項の化学反応を伴う濡れでNi/Al系に関して触れた．その際，NiとAlでは発熱の化学反応[31]を伴って濡れが進行し，種々のNiAl金属間化合物を形成することも記述した．この種の手法は燃焼合成法と言われており，これまでに多くの検討がなされてきた．

$Ni_3Al$は融点が1395℃と非常に高く，焼結性が悪いため，焼結による製造は難しいとされてきた．そこで，これらの化学反応を伴う濡れを利用して$Ni_3Al$の成型体を作成することを試みた[32]．Niの焼結体に溶融Alを滴下して，全体を$Ni_3Al$の成型体とする試みである．これらの化学反応式と発熱量を(9.11)式に示す[33]．

$$3Ni + Al = Ni_3Al + 37.6 \text{kcal/mol of } Ni_3Al \quad \cdots\cdots(9.11)$$

これらの関係を図示すると図9.20が得られる．これより，800℃(1073K)で，Niに純Alを滴下すると，生成する$Ni_3Al$は液体（溶けている）になる．これらの化学反応により如何に温度が上昇する（発熱量が大きい）かが理解できよう．

濡れの実験での個体Ni板の代わりに，Ni焼結体を用い，これに35%の空隙を設けると，滴下したAlがNiと反応し，全体が$Ni_3Al$の成型体になるという手法を開発した．発熱量の制御は溶融Al中のNi含有量とAlの温度で調整した．Ni焼結体へ溶融Alを滴下したときの発熱の様子と，AlがNi焼結体へ浸入する様子を毎秒30コマのビデオで撮影した結果を図9.21に示す．ここでは，Ni焼結体に800℃でAl-10%Ni合金を滴下した直後の写真を示す．これより，滴下後7/30s（7コマ目の映像）で発熱開始が観察され，2s後もNi焼結体が光輝いている様子がわかる．また，この一連の実験でできたNiAl金属化合物の組織写真を図9.22に示す．このような手法により800℃という低温で，ほ

ぼ緻密な $Ni_3Al$ を作ることができた．Ni 焼結体に製品の形状を付与できれば，800℃程度の温度でこのような手法によりほぼ緻密な $Ni_3Al$ を作ることができる．この場合に，発熱量の制御は Al 合金中の Ni 含有量を変えることで可能である．

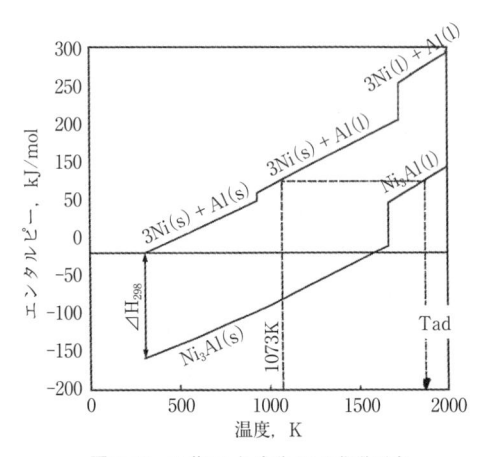

**図 9.20** 固体 Ni と溶融 Al の化学反応

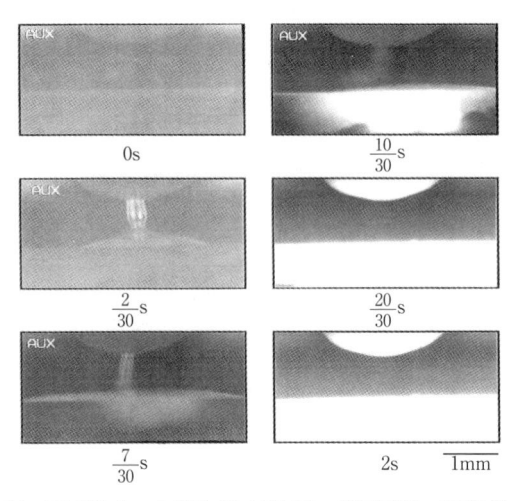

**図 9.21** Ni 焼結体への溶融 Al-10% Ni の滴下写真　800℃ (1073K)

第9章　金属基複合材料と金属間化合物の製造　　　　125

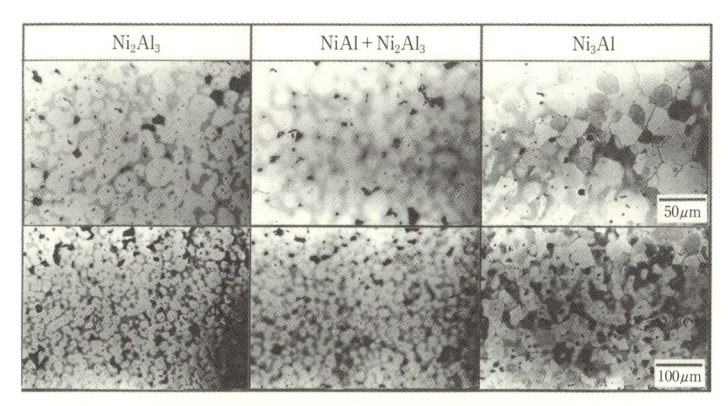

|  Ni$_2$Al$_3$ | NiAl + Ni$_2$Al$_3$ | Ni$_3$Al |

50μm

100μm

**図9.22**　生成したNiAl金属化合物の組織写真

## 9.3　発泡アルミニウム（金属と空気の複合材料）

　発泡アルミニウムは，砂糖菓子の軽め焼きのアルミニウム版と考えればよい．軽め焼きを作るには砂糖を加熱・溶解し，これに膨らし粉を入れて作る．または，ビールの泡を冷凍庫で凍らせた物と考えてもよい．発泡アルミニウムそのものは九州工業試験所の上野らの発明によるもので[34]，神鋼鋼線からアルポラスという商品名で市販されてきた．

　発泡金属を作成する基本は，粘性の高い液体に発泡剤を添加し，泡が消えないうちに固化（凝固）させることにある．粘性が低いと泡の崩壊時間が短く，泡が粗大化し易い．また，泡の崩壊は膜が薄くなることで生じる．すなわち，泡の崩壊までの時間は液体の表面張力が低いほど，粘性が高いほど長くなり，発泡金属の製造には望ましい．しかし，液体金属の表面張力は水の10倍以上であり，これを水のレベルまで下げることはできない．そこで，液体金属の粘性を増大させることが不可欠になる．

　溶融金属の粘性は，動粘度で比較すると水と同程度である．また，合金化による粘性の増加はほとんど期待できない．そこで，微小固体粒子を懸濁させて粘性を増大させる手法が古くから用いられてきた[34-36]．その一例を図9.23に示す[37]．この図は，溶融Alに金属Caを添加し，大気中で撹拌した結果である．撹拌時間の増大により粘性（ここでは撹拌トルクで示した）が増加してい

るのがわかる．この場合，Ca は Al よりも酸化し易いので CaO を形成し，この微細物質が粘性の増加に寄与した，と考えられてきた．

この様にして粘性を増大させた溶融 Al に発泡剤である水素化チタン（$TiH_2$）粉末を添加し，発泡アルミニウムを作成する方法を図 9.24 に，作成した発泡アルミニウムの断面写真を図 9.25 に示す．これは独立気泡型と呼ばれ，それぞれの気泡は分離・独立している．

このようにして作成された発泡アルミニウムは軽量で，比強度が高く，吸音性や耐熱性に優れるという特徴を有している．これらの特徴から多くの用途が

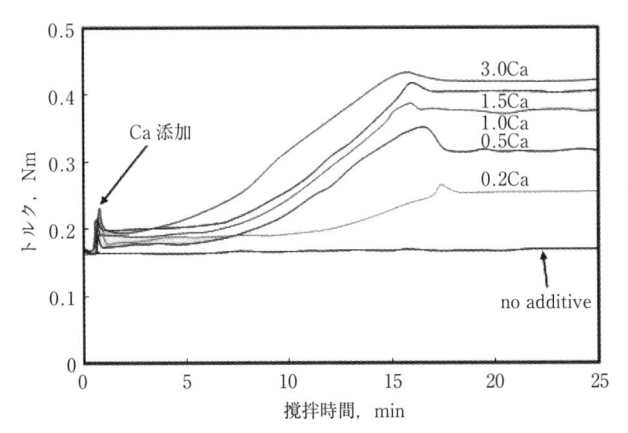

図 9.23 溶融 Al の増粘に対する Ca 添加量と撹拌時間の影響

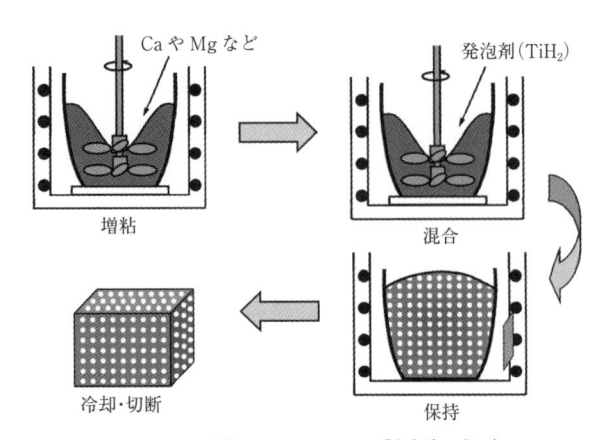

図 9.24 発泡アルミニウムの製造法の概略

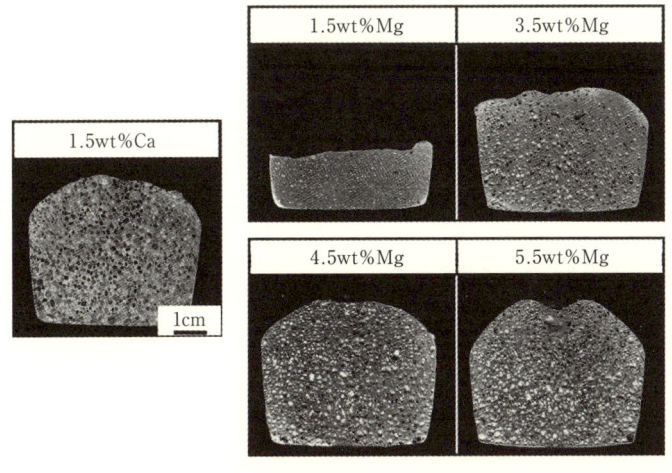

第9章　金属基複合材料と金属間化合物の製造

図9.25　発泡アルミニウムの断面写真

期待されており，現時点では自動車の衝突エネルギー吸収材として期待されている．しかし，その製造コストが高いこと，エネルギーの吸収量が不十分であること，などの理由で実際に使用されるには至っていない．筆者は，これで鋳物を作り，強度は外周部の固化層でもたせることを考えている．例えば，竹のように．これら材料の機械特性に関してはGibsonらの著書[38]を参照いただきたい．

## 参 考 文 献

1) P.K.Rohatgi and R.Asthana：Cast Metal Composites, S.Fishman and A.Dhingra Ed. ASM (1988) 61
2) H.Nakae, H.Fuji, T.Shinohara and B.R.Zhao：Proc. ICCM/9 (1993) 255-262
3) 中江秀雄，藤井英俊，趙　柏栄，篠原　徹：鋳造工学 75 (2003) 545-551
4) 金属基複合材料：西田義則，共立出版 (2001)
5) 呉　樹森，中江秀雄：鋳造工学 69 (1997) 775-782
6) Z, Wang, K.Mukai and I.J.Jee：ISIJ International 39 (1999) 553-562
7) N.Stargrew, B.A.Parker and M.J.Couper：Advanced Composite Materials, TMS (1993) 1021

8) DURALCAN：Alcan Aluminum Ltd. カタログ（1992）
9) H.Nakae and S.Wu：Materials Sci. and Eng. A252（1998）232-238
10) 呉　樹森，中江秀雄：鋳造工学 69（1997）3-8
11) K.P.Trumble：Acta mater 46（1998）2363-2367
12) C.Garcia-Cordovhilla, E.Lois and J.Narciso：Acta mater 46（1999）4461-479
13) 横田　勝：粉体および粉末冶金 38（1991）464-471
14) M.K.Aghajanian, J.T.Burke, D.R.White and A.S.Nagelberg：Proc. 34th Inter'l SAMPE（1989）817
15) 高橋平四郎，井上久雄：軽金属 52（2002）575-579
16) H.Nakae, H.Yamaura, T.Miyamoto and T.Yanagihara：Proc. 2nd PP（2000）165-168
17) 中江秀雄：鋳造工学 79（2007）699-704
18) V.Laurent, D.Chatain and N.Eustathopoulos：J. Mater. Sci. 22（1987）244
19) H.Fujii, H.Nakae：Materia Japan 34（1995）1269
20) W.Thiele：Aluminium 38（1962）707
21) W.Thiele：Aluminium 38（1962）780
22) X.M.Xi, L.M.Xiao and X.F.Yang：J.Mater. Res. 11（1996）1037
23) W-S. Chung, S-Y.Chang, and S-J. Lin：J. Mater. Res. 14（1999）803
24) T.Kimura, H.Yamaura and H.Nakae：Proc. of 2nd. PMP（2000）135
25) H.Nakae, H.Yamaura, T.Miyamoto and T.Yanagihara：Proc. of 2nd. PMP（2000）165
26) H.Nakae, H.Yamaura, Y.Sugiyama：鋳造工学（2003）29
27) H.Nakae, K.Ito and Y.Sugiyama：Proc. AFC-8（2003）383
28) 中江秀雄，山浦秀樹，杉山雄大：Proc. 67th WFC（2006）111/1-9
29) 中江秀雄，顧 紅星，呉 樹森：鋳造工学（2004）296
30) 顧 紅星，中江秀雄：鋳造工学（2004）909
31) Thermochemical Data of Pure Substances：I.Barin, VCH, Weinheim（1989）
32) H.Nakae, H.Fujii, K.Nakajima and A.Goto：Materials Sci., and Eng. A223（1997）21-28
33) W.Oelsen and W.Middle：Eisenforsh. 19（1937）4-25
34) 長田純夫，秋山 茂，上野英俊，坂本 満：表面 27（1989）679

35) 中江秀雄:塑性と加工 46 (2005-2) 108-112
36) 中江秀雄, 楊 錦成:鋳造工学 74 (2002) 782-788
37) 門井浩太, N.Babcsan, 中江秀雄:日本金属学会誌 72 (2008) 73
38) Cellular solids Structure and properties:L.J.Gibson and M.F.Ashby, Cambridge Univ. Press (1997)

# 第10章

# 凝固組織と界面エネルギー

## 10.1 凝固一般

### 10.1.1 核生成問題

　話は飛ぶが，人工降雨をご存知でしょうか．最近では2008年の北京オリンピックで，開会式の当日に会場で雨を降らせないため，会場の遠方で人工降雨（人工消雨ともいう）を実施したことは良く知られている．これは，大気中の水蒸気に雨滴の核物質をロケットなどでまき散らし，水蒸気を水滴化して雨を降らせようとする試みで，日本でも古くは雨乞いの儀式が著名である．雨乞いでは焚火を炊いて，その煙で雨を降らせようとしたものである．この現象は，自然に雨粒ができるには過度の過飽和度が必要で(これを均質核生成という)[1]，これに対して人工降雨の場合には他の物質で核生成を起こさせるもので，少しの過飽和度でよく，これは不均質核生成の一種である．

　蔵王の樹氷は，厳冬の日本海上空で海水から蒸発した水蒸気が冷やされ，生成した水滴(均質か不均質核生成かは不明であるが，多分，不均質核生成であろう)が大きく過冷され，樹氷に付着することで凍り付き・成長したものである．これに対して，厳冬の北海道では時としてダイヤモンドダストが観察される．これは，大きく過冷した水滴が氷になったもので，異物なしで凍っていれば均質核生成であるが，多分，大気中の埃などの浮遊物に核生成して氷になったもので，不均質核生成であろう．しかし，雪の結晶が美しいのは，結晶成長の結果で，核生成とは無関係である．雪の結晶の形は後述の，一種のデンドライトである．

### a) 均質核生成

それでは，均質核生成にはどの程度の過冷が必要であろうか．これには物質の融点［K］の20%以上の過冷度が必要と言われている．均質核生成を語るには，先ず，液体と固体とは何かを述べる必要がある[1]．水と氷の場合で説明する．水が凍ると体積膨張を伴う（したがって，氷の方が密度は小さい）ことは良く知られている．冬に水道管が破裂したり，池に氷が浮くのはこのためである．一方で，水は4℃で密度が最大（体積が最少）になることも良く知られている．この状態を水の比容積の温度変化で図10.1に示す．この図を見ると，比容積の温度依存性は12℃以下から直線を外れ，4℃で最少（密度では最大）になっていることがわかる．

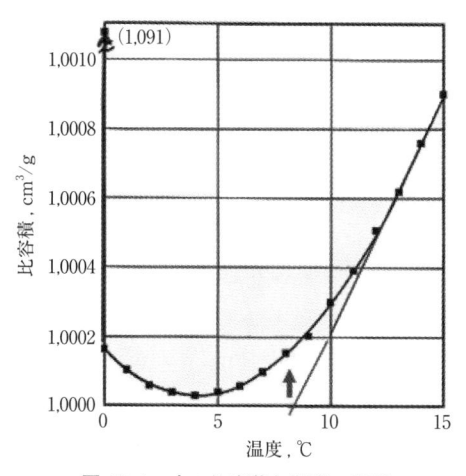

**図10.1** 水の比容積と温度の関係

この現象は，12℃以下の水中には，微細な氷状の物質（クラスター）が存在し，これにより密度変化が生じたものである．クラスターとは安定して存在する物質ではなく，水分子の衝突で局部的に，衝突後のほんの僅かの時間だけ氷のように振舞うもので，次の瞬間には再び水に戻ってしまう性質の物質である．この生成は温度が下がるほど顕著になる．このクラスターを核に凝固することを均質核生成といっている．しかし，均質核生成には濡れの出番がないので，この程度の記述にとどめる．

## b) 不均質核生成

凝固時の不均質核生成の本質は，非金属介在物など，溶融金属中に存在する微細異物質が液体と濡れ易いか，固体と濡れ易いかである．すなわち，異物質（下地）の表面を固体（エンブリオ）が覆う様子を図10.2のように示す．ここで，図中の接触角$\theta$が小さいほど，少ない原子数で大きな固体の曲率半径が達成できる点にあり[1]，少しの過冷で凝固が始まることを示している．この際の固体をエンブリオ（胎児）と呼び，これが成長したものが結晶（固体）である．

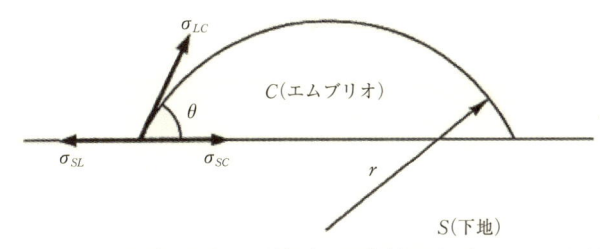

**図10.2** 不均質核生成時の接触角$\theta$と各種界面エネルギーの関係

小さな$\theta$を得る条件は，図中の$\sigma_{SC}$：下地とエンブリオの界面エネルギー，$\sigma_{SL}$：下地と液体の界面エネルギー，$\sigma_{LC}$：液体とエンブリオの界面エネルギーの関係による．すなわち，$\sigma_{SC}$が$\sigma_{SL}$よりも小さければよい．さらには，エンブリオと下地の物質の結晶整合度（格子定数の一致度$\delta$）が少なく，両者の結晶構造が近いことが必要である．図10.3に鋼の凝固開始温度の過冷度に対する不均質核物質の$\delta$の影響を示す．格子定数の不整合度$\delta$が小さいほど，小さな過冷で凝固が始まっているのがわかる．これらの関係も界面エネルギーではなく，濡れであり界面張力$\gamma$で記述するのが正しいのであろうが，ここでは従来の記述にしたがって，$\sigma$で記述した．

## c) 一方向核生成（One way nucleation）

これまで通常の核生成理論では，不均核生成はエンブリオと下地物質の結晶整合度$\delta$で議論されてきた[2,3]．しかし，Fe-CやAl-Siのような金属と非金属の共晶系ではOne way nucleation（一方向核生成）またはNon-reciprocal nucleation（不可逆核生成）と呼ばれる核生成機構がある[4-6]．これは，Fe-C

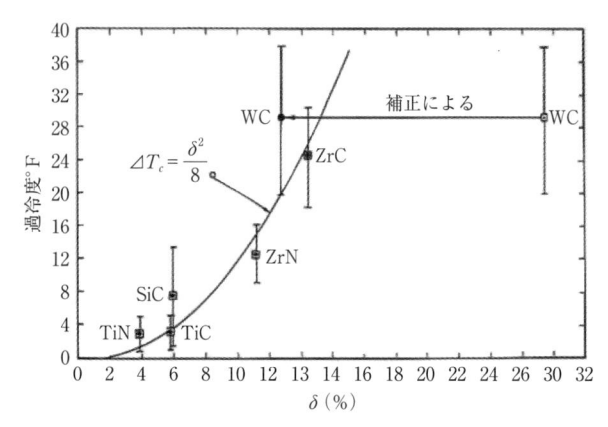

図10.3 溶融純鉄の凝固時の過冷度に及ぼす不均一核物質 $\delta$ の影響

グラフ中の式: $\Delta T_c = \dfrac{\delta^2}{8}$、「補正による」

系では黒鉛はオーステナイトの核として作用するが，オーステナイトは黒鉛の核にはならない，とする説である．同様に，Al-Si では Si は $\alpha$-Al の核として作用するが，その逆はない．

筆者はこの説が正しいことを実験結果として確認している．その根拠を図10.4に示す．ここでは初晶の黒鉛（大きな板状の黒鉛）は完全にオーステナイト相に取り囲まれており，周囲の共晶凝固時に生成した黒鉛とは接続していない．これは，初晶黒鉛が共晶凝固開始時にオーステナイトの核として働いたためであり，One way nucleation の証拠である．この機構を図示したのが図10.5で，a), b) 共に同じ界面エネルギー値 $\sigma$ で表示したが，両者の接触角 $\theta$ は全く異る．これが One way nucleation の機構とされている[7]．これも濡れの一種であり，正確には $\gamma$ で表記すべきであろう．

片状黒鉛鋳鉄は通常，亜共晶組成が用いられる．この溶湯から晶出する初晶のオーステナイトはデンドライトという形状を取る．その残りの溶湯組成は温度低下により共晶点に近づいて行き，溶湯の温度が共晶温度以下に到達すると，溶湯の組成は過共晶になる．この過冷した過共晶組成の溶湯から黒鉛が直接晶出し，これを核に共晶（黒鉛＋オーステナイト）凝固が開始する．この片状黒鉛は共晶凝固開始と同時に先端部を除いてオーステナイト相で取り囲まれ，黒鉛とオーステナイトの協調成長で共晶凝固することになる[7]．

第10章 凝固組織と界面エネルギー

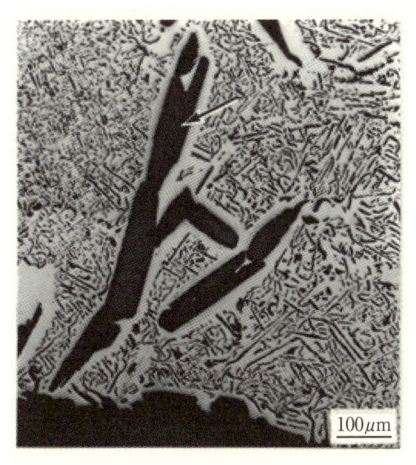

図10.4 鋳鉄中の初晶黒鉛とオーステナイト相の関係

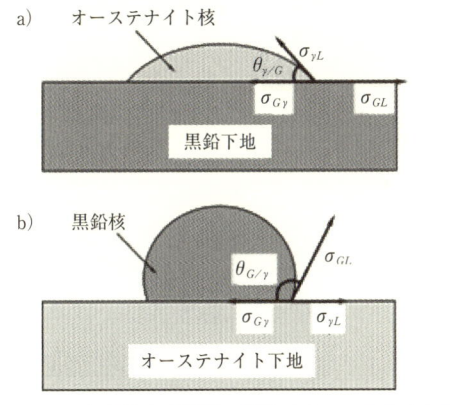

図10.5 一方向核生成機構：黒鉛／オーステナイト系

## 10.2 デンドライト

　金属材料が凝固すると，その初晶は図10.6に示すような樹木に似た形状となり，これを樹枝状晶，またはデンドライトという．これらの形は水たまりの氷や雪の結晶にも見ることができる．何故，このような不思議な形状に凝固するかは難しい問題である．従来は凝固界面前方の過冷で説明されてきた[1,2]が，最近では界面エネルギーを導入して解析が行われており[8-10]，これも界面

エネルギーの成せる業である.

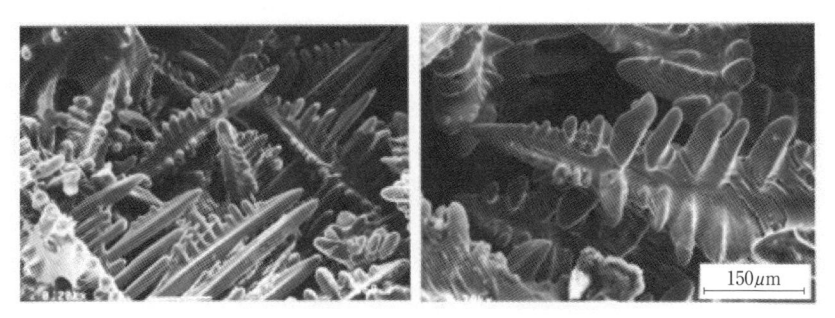

図 10.6　鋳鉄のオーステナイトデンドライト

## 10.3　共晶凝固

金属・金属共晶の代表的な凝固組織に層状と繊維状がある．この一例を図10.7に示す．ここで a) は Al-33%Cu 共晶合金で，その凝固組織は層状であり，b) は Al-4.7%Ni 共晶合金の凝固組織で，繊維状である．繊維状組織の場合には図に示したように，切断方向で組織が異なって観察される．

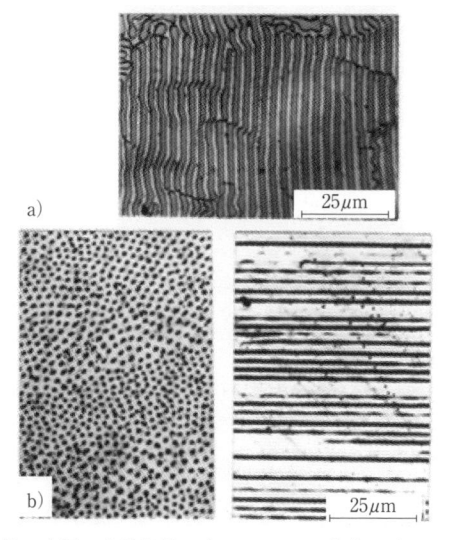

図 10.7　金属・金属の共晶組織　a) Al-33% Cu 合金，b) Al-4.7% Ni 合金

# 第10章 凝固組織と界面エネルギー

2元共晶合金の組織はα相とβ相で構成され，その形態は層状と繊維状に区別されている．これらの形態を決めているのはα/β相間の界面エネルギーとされている．図10.8にこれらをモデルで示す．図10.8a) に示した層状組織の場合，α相間の層間隔$S_\alpha$とβ相の間の層間隔$S_\beta$は等しいので，これを単に$S$で表す．この$S$を単位とした単位立方体を図のように考える．この立方体の体積は$S^3$であり，α/β界面はα相に関してもβ相に関してもその上下2面が存在するので，界面積は$2S^2$になる．したがって，単位体積中のα/β界面の面積は，$2S^2/S^3 = 2/S$になり，β層の厚さ（β相の体積率）に関係なく一定になる．ここでα/β相間の単位面積当たりの界面エネルギーを$\sigma_{\alpha\beta}$とすると，この単位体積中の界面エネルギーは$2\sigma_{\alpha\beta}/S$になる．すなわち，$S$の関数であることがわかる．この層状組織モデルではβ相の体積率（これは$d/S$になる）が変化しても，単位体積中のα/β界面積は一定で，変化しないことがわかる．しかし，試料全体を考えると，層間隔$S$の減少はα/β界面積の増大を意味し，界面エネルギーの増大を通じて全自由エネルギーを増大させる．

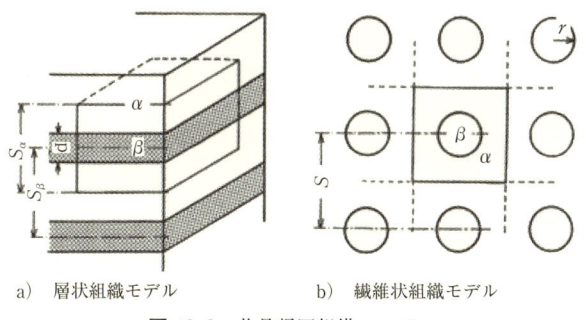

a) 層状組織モデル  b) 繊維状組織モデル

図10.8 共晶凝固組織のモデル

これと同様に，凝固方向に垂直に半径$r$の円柱状の繊維が配列した繊維状（棒状ともいう）組織の凝固モデルを図10.8b)のように考えてみる．ここでもβ相の層間隔$S$を基準に単位立方体を考える．すると，α/β界面積は$2\pi rS$となる．したがって，単位体積中のα/β界面の面積は$2\pi r/S^2$で求められる．勿論のこと，このモデルではβ相の体積率が増加すればα/β界面の面積も増大する．すなわち，β相の体積率は$\pi r^2S$であり，$r$の関数である．これが先の層状モデルとの大きな相違である．

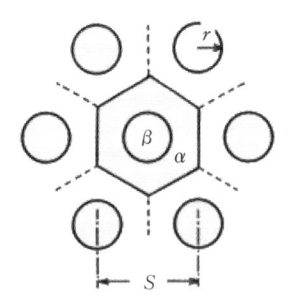

**図 10.9** 繊維状組織のモデル-2

そこでこれら 2 つのモデルで，単位体積中の $2\pi rS$ 界面積が等しくなる $\beta$ 相の体積率を求めると $1/\pi = 0.32$ が得られる．これが，共晶組織が層状から繊維状に変化する $\beta$ 相の臨界体積率になる．しかし，実際には繊維状組織の配列は図 10.9 のようになり，臨界体積率は 0.28 と言われている[3]．

## 10.4 偏晶凝固

偏晶は，液相 $L_1$ から固相 $\alpha$ と液相 $L_2$ を晶出し，これら 3 相が共存するため，共晶に近い凝固形態をとる．しかし第 2 相が液相（$L_2$）であるため $L_2$ 相の形態は変化しないように思われるが，実は偏晶合金の組織にも，整列型と非整列型の 2 つの凝固組織がある．前者の代表が Al-In 系で，後者の代表が Cu-Pb 系である．これらの偏晶合金の凝固組織に及ぼす G/R（温度勾配 / 凝固速度）の影響を神尾らのモデル[11, 12]で図 10.10 と図 10.11 に示す．これら組織の相違は $L_2$ 相と固相の界面エネルギーである，とされているが，その確証は得られていない．

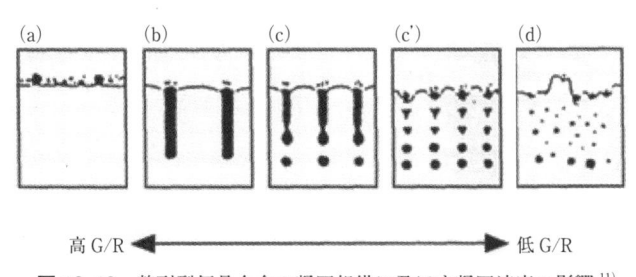

高 G/R ←――――――――――→ 低 G/R

**図 10.10** 整列型偏晶合金の凝固組織に及ぼす凝固速度の影響[11]

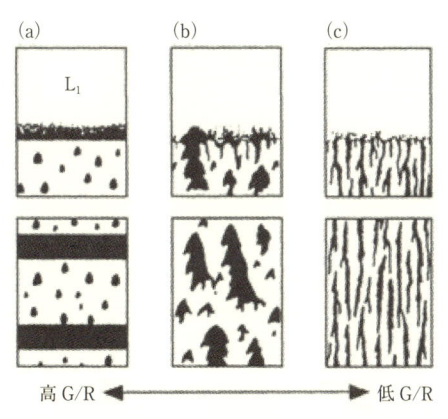

**図 10.11** 非整列型偏晶合金の凝固組織に及ぼす凝固速度の影響 [11]

　図 10.10(c) に相当する Al-In 系の代表的な凝固組織を，固相 Al を腐食で取り除き，凝固した $L_2$ 相を立体的に SEM 観察したのが図 10.12 である．Al-In 系での偏晶温度は 639℃で，$L_2$ 相の凝固温度は 156.4℃である．従って，この間，$L_2$ 相は液相であり続け，界面エネルギーの影響で円柱状の $L_2$ 相は球状へと，図では冷却途中で (a) から (b)，(c) へと形状が変化する [13]．正に，水道の蛇口をひねって細い水流にすると，降下するにつれて液滴に分断される現象と同じである．固相は液相の界面エネルギーで押しのけられ，クリープ変形で形を変えるのであろう．体積当たりの表面積が最も小さい形状は球であり，$L_2$ 相は球形になろうとする．そこで Al-In 偏晶系の組織を，界面エネルギーが組織に与える影響の代表例として示した．

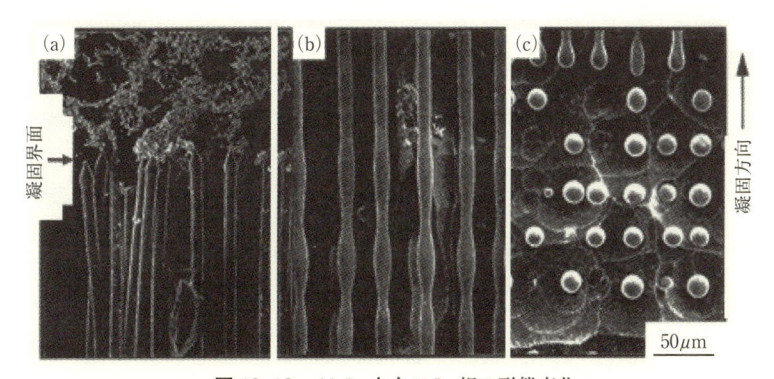

**図 10.12** Al-In 合金の $L_2$ 相の形態変化

## 10.5 球状黒鉛鋳鉄

球状黒鉛鋳鉄の発明は1947年である．今日では鋼の強さと，片状黒鉛鋳鉄の鋳造性を兼ね備えた材料として多用されている．鋳鉄の黒鉛形状には片状と球状があり，なぜ黒鉛が球状化するのかについては多くの説があり，確定はしていない．しかし，筆者らは界面エネルギー説を唱えている．これまでにも多くの研究者が界面エネルギーの測定を行ってきたが，その結果では界面エネルギー説を支持できるとは言い難かった．

球状黒鉛鋳鉄は鋼の基地に球状の黒鉛が体積率で約10%混在した鋳鉄で，その組織を図10.13に示す．球は何処で切断しても円になるので，この左図から立体的な形状は球であることがわかる．また，これらの鋳鉄は過共析組成であり，鋼ならば基地にフェライトが生成することは考え難いが，右図のように，黒鉛の周辺にはフェライトが，少し離れたとことはパーライトになっていることがわかる．また，黒鉛は中心部から放射状に成長していることもわかる．

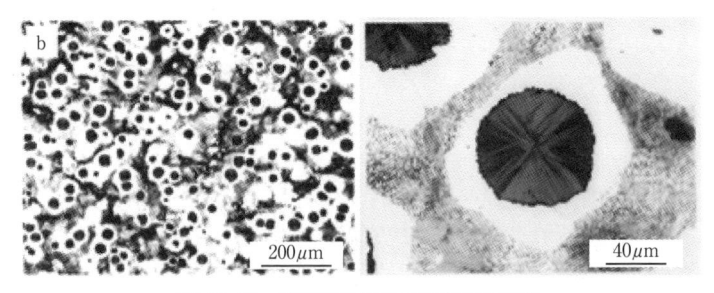

図10.13　球状黒鉛鋳鉄の代表的な組織

これらの問題点を解決し，黒鉛と溶融鋳鉄との界面エネルギーを測定した結果をまとめて図10.14に示す[14]．これより，界面エネルギーが高くなると（これは硫黄と酸素含有量が低くなることを意味する），黒鉛の形状が片状から球状に変化することを明らかにした．図に示したように，これまでの多くの研究者の測定値がばらついたのは，界面エネルギー測定中に基板の黒鉛が溶融鋳鉄へ溶解する，溶融鋳鉄による黒鉛表面の汚染（表面エネルギーの変化）などが

第 10 章　凝固組織と界面エネルギー

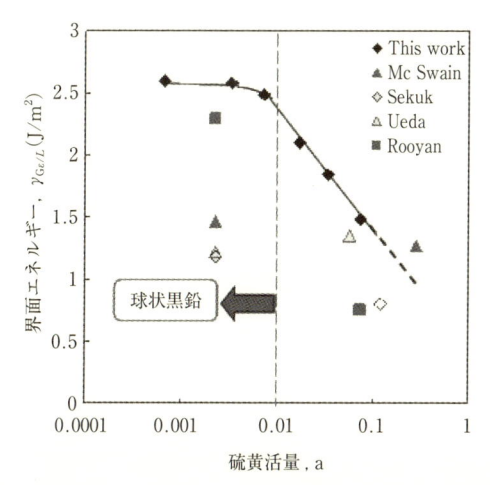

**図 10.14**　黒鉛（0001 面）と溶融 Fe-C 合金の界面エネルギーに及ぼす硫黄の影響

原因であることを明らかにした．現在，使用されている黒鉛の球状化元素は Mg や Ca，RE であり，これらの元素はいずれも脱硫・脱酸元素である．この点からも，黒鉛の球状化は界面エネルギー説で説明できる．

## 10.6　Al-Si 合金の改良処理

Al-Si 合金も鋳鉄と同様に金属・非金属の共晶である．この合金には Na 添加による Si の微細化処理が著名[15]であるが，現在では Na よりも Sr の方が使い易いことから，Sr による微細化が多く行われている．その代表的な組織を図 10.15 に示す．この図より，共晶 Si が著しく微細化されているのがわかる．しかし，Al を除去してこれらの Si を SEM により立体的に観察すると，改良処理を施していない Si は図 10.16[16]に示すように板状であるが，Sr 添加により改良された Si は図 10.17 のように珊瑚状で連続成長していることがわかる．そこで最近では微細化処理といわずに改良処理と称している．改良処理された Si と未改良の Si を比較すると，後者は角ばった Si 特有の形態であるが，前者は丸みを帯びた珊瑚状であることもわかる．

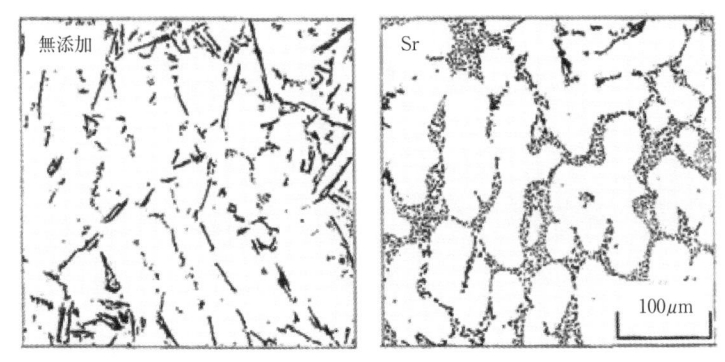

図 10.15　Al-Si 合金の共晶 Si の形状に及ぼす 0.04%Sr 添加の影響

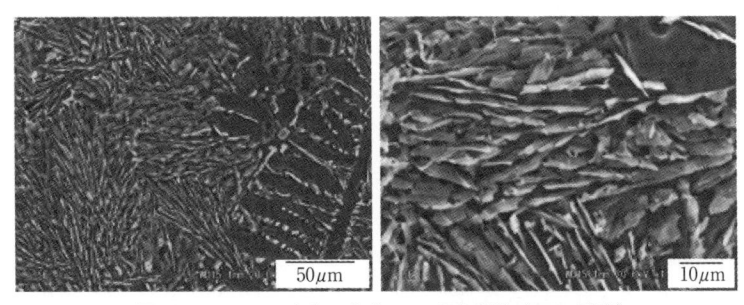

図 10.16　Al-Si 合金の共晶 Si の立体形状（SEM 観察）

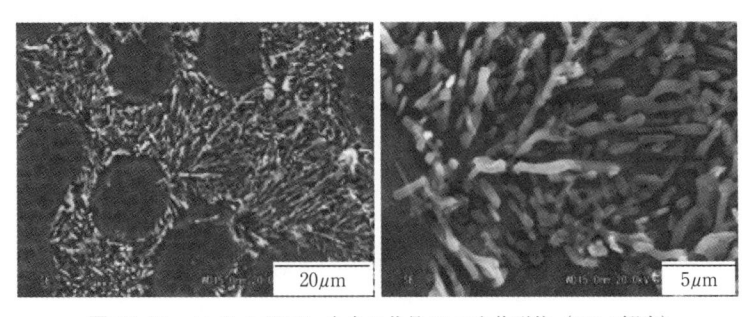

図 10.17　Al-Si-0.04%Sr 合金の共晶 Si の立体形状（SEM 観察）

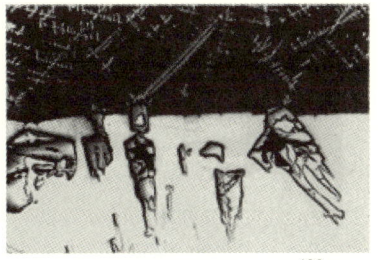

## 第10章 凝固組織と界面エネルギー

(a) Al-Si　　　　　　(b) Al-Si-Sr　　400μm

**図10.18** 凝固速度 (0.5mm/h) の試料を, 凝固速度をゼロにして5h保持

Siが角ばった形態であるのは, Siは結晶面により界面エネルギーが異なり, エネルギーの低い面が優先成長した結果で, faceted crystal とも呼ばれる. 改良処理されたSiは丸みを帯びており, non-faceted crystal の様相を示している. このnon-faceted crystal は金属元素に多く見られる形態で, 各面のエネルギーが等しいと, この様な形態をとる[16]. 改良されたSiは, 各面の界面エネルギーがほぼ等しくなった形態であり, 筆者はこれも界面エネルギーの変化による現象ととらえている[16-18]. その根拠として, Al-Si合金を一方向凝固させ, 途中で炉の動きを停止させ, 固/液界面の平衡形状を求めた結果を図10.18に示す. これより, Srで改良処理を行った合金ではSiは溶融Al中に突出し, Srを添加しない未改良合金では固液界面は完全にAlで覆われていることがわかる. これはSr添加による界面エネルギーの変化が原因と考えている[16].

## 参 考 文 献

1) 結晶成長と凝固：中江秀雄, アグネ承風社 (1998) 54-75
2) B.Chalmers 著, 岡本 平, 鈴木 章 訳：金属の凝固 丸善, (1971) 72
3) 中江秀雄：結晶成長と凝固 アグネ承風社 (1998) 138-140
4) B.E.Sundquist and L.F.Mondolfo：Trans. Metallurgical Soc. of AIME 221 (1961) 157
5) B.E.Sundquist and L.F.Mondolfo：Trans. Metallurgical Soc. of AIME 221 (1961) 607
6) L.F.Mondolfo：Metallurgical Trans. 2 (1971) 1254

7) 中江秀雄：鋳造工学 82 (2010) 454-459
8) 鈴木俊夫，宮田保教：日本金属学会会報 25 (1986) 727
9) S.-C. Huang and M.E.Glicksman：Acta Metallurgica 29 (1981) 701-715
10) S.-C. Huang and M.E.Glicksman：Acta Metallurgica 29 (1981) 717-734
11) 神尾彰彦，手塚裕康，熊井真次，高橋恒夫：日本金属学会誌 48 (1985) 78
12) 神尾彰彦，手塚裕康，熊井真次，小野健二，高橋恒夫：日本金属学会誌 48 (1985) 883
13) 青井一郎：早稲田大学博士論文 (2001, 3) 87
14) S. Jung, T.Ishikawa, S.Sekizuka and H.Nakae：J. Material Sci., 40 (2005) 2227-2231
15) A. Pacz：U. S. Patent No. 1387900 (1921)
16) 宋 基敬，藤井英俊，中江秀雄，山浦秀樹：軽金属 43 [1993] 484-489
17) 中江秀雄，宋 基敬，藤井英俊：軽金属 42 (1992) 287-292
18) H.Nakae and H.Kanamori：Solidification and Casting, B.Canter and K.O'Reilly Co-Ed. Institute of Physics (2003) 326-338

# 第11章

# お わ り に

　この本では，自然現象から濡れの解説を始め，濡れの詳細に迫ってみた．すなわち，何が濡れを決めていのか（3相線の問題など）を，物質移動や化学反応からも論じてみた．この分野の学問は未だに発展途上にあり，完成されているとは言い難い．しかし，基礎概念を理解することで，液体金属を用いる加工法に新しい概念が導入できることを期待している．

　濡れの学問は当初，接着や接合，防水加工といった分野から始まった．しかし，半田付けの分野に金属屋が濡れを用いると，固体の液体への溶解や，固体と液体金属の間で界面反応で反応生成物を形成することが多い．また，これらの物質移動・界面反応は濡れ速度を増大させる意義を有している．これは，ものづくりには有効な情報である．

　そこで，濡れの解説から始め，濡れの詳細と各種の溶融金属を用いた加工法を鋳造を中心に，接合，複合材料などを覗いてみた．できるだけ数式を用いることなく，日常現象を例に引きつつ記述した．すると，従来とは異なった一面が明らかになったように思われる．これまでは，別個の技術とされていたものが，濡れという基礎学問で統一的な解釈ができた．

　この本が液体金属を用いた加工に従事する方々に，何らかの参考になれば幸いである．また，その結果として，工業分野で技術者の方々に濡れという概念が理解され，その概念が市民権を確保することを願って止まない．

　最後に，濡れの研究は，小生が日立製作所から早稲田大学に来た時から始めた．日立製作所時代に拡散接合に手を染めた．しかし，拡散接合では量産は難しく，大きな発展は期待できないと感じていた．大学に来て，何をすべきかを模索中，今は亡き日新製鋼の広瀬君の仕事を見て，これならば大学でも企業に太刀打ちできるであろうと，濡れの研究に着手した次第である．

したがって，この本の内容は小生の研究室の学生諸君の成果を取りまとめたものである．特に，研究初期の日立金属の山浦秀樹博士，日産自動車の篠原徹君，そしてJFEの吉見直人君，さらには小生の研究室でただ一人，濡れで博士論文を書き上げた大阪大学の藤井英俊教授．彼らには装置もお金もない時代に，装置を作ることから始まって，大変に苦労を掛けた．彼らの血と汗の結晶がこの本になった，と感じている．この外にも，華中科技大の呉 樹森教授，アイメタルの趙 柏榮君，JOGMECの乾 隆一君，東京海上の後藤亜紀子さん，豊田中研の青井一郎博士，日産自動車の横田 勝君，杉山雄大君，POSCOの鄭想勲博士，日本発条の荒岡祐司君，広島大学の門井浩太博士，日立電線の平本雄一君，大垣共立銀行の杉下未紗さんらのデータを使わせていただきました．

 また，研究分野が異なることで，ここに名前を記載できなかった小生の研究室で卒論，修論そして博士論文を完成させた卒業生各位にも感謝の意を表します．

# 索　引

Al-In　138
Al$_2$O　85
Al-Si 合金　141

Bashforth と Adams の表　9

Cassie の複合則　41, 62
Cu-Pb　138
Cu-Sn 系の状態図　56

DURALCAN　113

Lanxide process　118
L/V 界面積支配領域　39

Si の微細化処理　141

Wenzel　36
Wenzel の面粗度係数　38

Young-Laplace　38

## あ　行

あめんぼう　15

移行型静滴法　48
異相界面　5
一方向核生成　133

液体試料の蒸発　31
液体の蒸発　47
エンブリオ　133

## か　行

加圧溶浸（含浸）　116, 117
界面　3, 5
界面エネルギー　7
界面活性元素　42
界面活性剤　17
界面自由エネルギー　7
界面張力支配　23, 109
界面張力の釣り合い　25
改良型静滴法　28
改良処理　141
化学的焼付き　98, 99
化学反応を伴う濡れ　53
核生成　131
拡張濡れ　22
拡張濡れ仕事　22
管壁摩擦抵抗　96
管壁摩擦係数　97

機械的捕獲　116
球状黒鉛　140
凝集　90
共晶凝固　136
均一分散　113
均質核生成　131
金属基複合材料　107
金型鋳造　93

クラスター　132

結晶整合度　133

後退接触角　26, 27, 30, 36, 81
硬ロウ　90
固液界面形状　35
細かい気泡　104

## さ　行

差込み　92
3相間で平衡　32
3相線　2, 11, 16
3相線長さ　43, 47
3相点　11
残留表面応力　8

時間軸　29
支配　109
自発的溶浸　117, 120
しゃぼん玉　19
重力支配　23, 107, 109
重力の影響　9
樹枝状晶　135
樹氷　131
初晶の黒鉛　134
人工降雨　131
浸漬速度　45
浸漬深さ　45
浸せき漏れ　22, 90
浸せき漏れ仕事　22, 90
浸透圧　18
真の平衡接触角　66

水蒸気分圧　34
スカル溶解　105

静滴法　11, 13, 26, 48
接合　89

接合・接着　1
接触角　2
接触角支配領域　40
接触直径　5
接着　89
繊維状組織　136
前進接触角　26, 27, 30, 36, 44, 81
前進接触角の評価　84

層状組織　136, 137
測定雰囲気　28

## た　行

対数目盛　29
体積拡散　79
体積自由エネルギー　6
ダイヤモンドダスト　131

鋳造と濡れ　92
鋳鉄　140
超高純度金属　105

デンドライト　135

導管　18
同相境界　5
動的な濡れ　44
銅棒（円盤）　25

## な　行

軟ロウ　90

塗型　94, 98
濡れ　2
　— AlN/Al　61, 64
　— $Al_2O_3$/Al-Si-Sr　115
　— $Al_2O_3$/Al-Si-Sr-Ca　115
　— BN/Al　59
　— BN/Al-Si　64

索　引

― $B_2O_3/H_2O$　66, 73
― Cu/Hg　45
― Cu/Sn　55
― MgO/Al　29, 74, 80
― Nacl/$H_2O$　34
― Ni/Al　66, 69
― $Ni_2Al_3$/Al-Ni　70
― Si/Al　57
― Si/Al-Si　57
濡れ支配　107
濡れ性　2, 11
濡れ性が良い　12, 21
濡れ性が悪い　12, 21
濡れ速度　46
濡れの複合則　39, 41
濡れ拡がり　47
濡れ面積　47
濡れ易い　12

燃焼合成法　123

## は 行

蓮の葉上の水滴　1
肌砂　94, 98
発泡アルミニウム　125
半田付け　89
バンド組織　116
反応生成物　54, 77, 78
反応層　54

非金属介在物の除去　104
微細化処理　141
ヒステリシス　27
表面　3, 5
表面改質　42
表面（自由）エネルギー　5, 6, 7
表面張力　7, 9
表面張力の測定　9

不均質核生成　131, 133
不均質固体　41
不整合度　133
付着仕事　9
付着周長　23
付着濡れ　21
付着濡れ仕事　21, 22
物質移動を伴う濡れ　53, 57
物理的焼付き　98
部分複合化　119
浮遊選鉱　42
プリフォーム　107, 117
分散　90

平衡水蒸気分圧　34
平衡接触角　26, 27, 29, 44
偏晶凝固　138

防水加工　1
飽和試料　58
飽和溶湯　32
ポーラスプラグ　104

## ま 行

見掛けの接触角　36
見掛けの平衡接触角　64, 66
見掛けの平衡値　56
水すまし　15
水鳥の羽根　16
未反応部　78
未飽和試料　58

メニスコグラフ法　13, 26, 43
面粗さ　37
面粗度係数　36
面エネルギー　8

毛細管下降　13, 16
毛細管上昇　13, 17, 92

毛細管法　13

## や　行

焼付き　92, 98
ヤングの式　3, 11, 25

湯流れ速度　96
湯廻り不良　95

溶浸法　107, 116
溶接　91
4相線　62

## ら　行

ランキサイド法　118

粒界拡散　79
粒子添加法　107

連続鋳造　93

ろうそく　19
ロウ付け　89
炉中ロウ付け　91

<著者略歴>

# 中江秀雄 (なかえ・ひでお)

1964年3月 早稲田大学理工学部金属工学科卒業, 1970年10月 工学博士 (早稲田大学).
1971年1月 ㈱日立製作所機械研究所入所, 1977年8月 同研究所 主任研究員.
1983年4月 早稲田大学理工学部金属工学科 (現, 物質開発工学科) 教授, 1984年4月 早稲田大学鋳物研究所 (現, 早稲田大学材料技術研究所) 研究員.
1987年4月〜1994年6月 鋳物 (日本鋳物協会誌) 編集委員, 1989年8月〜1990年8月 Cambridge University, Visiting Scientist (客員研究員), 1992年4月〜1994年6月 鋳物編集委員長, 1993年9月〜1995年9月 早稲田大学理工学部材料工学科主任教授, 1998年5月〜2000年5月 日本鋳造工学会副会長, 2002年5月〜2004年5月 日本鋳造工学会会長, 2004年9月〜2006年9月 早稲田大学材料技術研究所所長, 2007年4月より, 早稲田大学理工学術院 機械科学・航空学科教授


濡れ、その基礎とものづくりへの応用

2011年7月25日　初版

著　者　中江秀雄
発行者　飯塚尚彦
発行所　産業図書株式会社
　　　　〒102-0072 東京都千代田区飯田橋2-11-3
　　　　電話 03(3261)7821 (代)
　　　　FAX 03(3239)2178
　　　　http://www.san-to.co.jp
装　幀　遠藤修司

印刷・製本　平河工業社

©Hideo Nakae　2011
ISBN978-4-7828-4100-6 C3053